高 等 学 校 教 材

GAOFENZI KEXUE SHIYAN

高分子科学实验

张道洪　主编

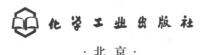
·北京·

内容简介

本书主要分为五章，第一章是高分子化学中最基本、最常见的实验，主要包括缩聚、自由基聚合、离子聚合等经典高分子聚合反应；第二章介绍了一些反映高分子化学发展前沿的新实验，如原子转移自由基聚合、固相有机合成等；第三章为高聚物的结构与性质分析实验，主要研究高分子材料的力学性能、热性能、流变性能、燃烧性能等；第四章高分子材料成型加工实验，主要介绍了塑料、橡胶的基本成型工艺；第五章高分子性能测试模块化实验，是为了培养学生的综合实验能力和自主设计实验能力而编写，主要涉及高分子物理、高分子成型加工和改性、高分子材料性能测试等各方面的实验内容。

本书可用于高分子材料与工程、材料化学、应用化学、材料科学与工程、复合材料等专业的教学，也可供从事高分子材料研发的工程技术人员参考使用。

图书在版编目（CIP）数据

高分子科学实验 / 张道洪主编. -- 北京：化学工业出版社，2024. 6. -- ISBN 978-7-122-46027-1

Ⅰ. O63-33

中国国家版本馆 CIP 数据核字第 202437HG68 号

责任编辑：李 琰　宋林青　　　　文字编辑：朱 允
责任校对：王 静　　　　　　　　装帧设计：韩 飞

出版发行：化学工业出版社
　　　　　（北京市东城区青年湖南街 13 号　邮政编码 100011）
印　　装：北京七彩京通数码快印有限公司
787mm×1092mm　1/16　印张 11½　字数 280 千字
2024 年 10 月北京第 1 版第 1 次印刷

购书咨询：010-64518888　　　　　售后服务：010-64518899
网　　址：http://www.cip.com.cn
凡购买本书，如有缺损质量问题，本社销售中心负责调换。

定　　价：35.00 元　　　　　　　　　　　　版权所有　违者必究

前　言

实验是高等教育理工科教学过程中的重要环节,可以加深学生对理论知识的认识,提高学生的实践技能,有助于培养学生的创新实践能力、培养适应社会快速发展需要的复合型人才。为了秉承"双一流""新工科"教育内涵,适应国家对化学、材料类学科创新性卓越人才的培养需求,编写团队在《高分子科学实验教程》的基础上,参考相关院校的教材和讲稿,并结合多年实践教学经验编写本书。

本书按高分子科学发展的内在规律与学科特点,将实验分为高分子化学基础实验、高分子化学前沿性实验、高聚物的结构与性质分析实验、高分子材料成型加工实验、高分子性能测试模块化实验等五大部分。本书共含有62个实验及3个实验模块,其中实验1～19为高分子化学基础实验,实验20～24为高分子化学前沿性实验,实验25～54为高聚物的结构与性质分析实验,实验55～62为高分子材料成型加工实验,高分子性能测试模块化实验包含3大模块,所选实验内容既包含了经典的高分子化学和物理的理论和实验方法,又结合了高分子科学研究的前沿方向,以及团队的科研成果转化,体现了综合性、前沿性和创新性。高分子性能测试模块化实验将高分子成型加工实验和高分子材料的性能测试有机地联系起来,形成系统化、模块化的实验体系,使学生在探究性学习的过程中掌握高分子科学实验的综合操作技能,有助于学生融会贯通和理解高分子科学发展的规律,同时也希望借此激发学生对高分子科学研究的兴趣。

该书由中南民族大学高分子材料与工程系、材料化学系的老师共同编写,由张道洪教授统稿、校核。

本书在编写过程中得到了湖北省普通本科高校"荆楚卓越人才"协同育人计划项目、高分子材料与工程省级一流本科专业建设、中南民族大学本科教材建设项目的资助,在此表示感谢。

由于编者水平有限,书中不当之处在所难免,恳请读者批评指正。

编者

2024年6月

目 录

第一章 高分子化学基础实验 ································· 1

- 实验1 环氧树脂的制备 ·· 1
- 实验2 界面缩聚法制备尼龙66 ···································· 4
- 实验3 耐热型聚酰亚胺的合成 ···································· 6
- 实验4 缩聚反应制备聚氨酯泡沫塑料 ······························ 8
- 实验5 聚己二酸乙二醇酯的制备 ·································· 10
- 实验6 酸法制备酚醛树脂 ·· 13
- 实验7 碱催化法制备酚醛树脂 ···································· 15
- 实验8 不饱和聚酯及其玻璃钢的制备 ······························ 16
- 实验9 甲基丙烯酸甲酯本体聚合制备有机玻璃棒 ···················· 18
- 实验10 溶液聚合——聚醋酸乙烯酯的合成 ························· 20
- 实验11 苯乙烯的悬浮聚合 ······································· 21
- 实验12 乙酸乙烯酯的乳液聚合——白乳胶的制备 ··················· 23
- 实验13 氧化还原体系引发苯乙烯的溶液聚合 ······················· 25
- 实验14 高吸水性树脂的制备 ····································· 27
- 实验15 甲基丙烯酸甲酯-苯乙烯悬浮共聚 ·························· 29
- 实验16 膨胀计法测定苯乙烯自由基聚合反应速率 ··················· 30
- 实验17 苯乙烯-马来酸酐的交替共聚 ······························ 33
- 实验18 苯乙烯的阴离子聚合 ····································· 35
- 实验19 阳离子聚合制备聚苯乙烯 ································· 36

第二章 高分子化学前沿性实验 ································ 38

- 实验20 原子转移自由基聚合制备聚苯乙烯 ························· 38
- 实验21 可逆加成-断裂转移法制备甲基丙烯酸甲酯-苯乙烯嵌段聚合物 ··· 40
- 实验22 固相有机合成技术制备多肽及其结构表征 ··················· 42
- 实验23 氧化自聚合法制备含金属离子的聚多巴胺纳米粒子 ··········· 45

实验 24　点击化学法制备聚乙烯醇水凝胶 …………………… 46

第三章　高聚物的结构与性质分析实验 …………………………… 50

实验 25　偏光显微镜法观察聚合物球晶形态 …………………… 50
实验 26　扫描电子显微镜观察聚合物的形貌 …………………… 53
实验 27　红外光谱法研究聚合物的结构 ………………………… 56
实验 28　蒸气压渗透法测定聚合物的分子量 …………………… 59
实验 29　凝胶渗透色谱法测定聚合物的分子量 ………………… 63
实验 30　黏度法测定高聚物的黏均分子量 ……………………… 67
实验 31　MALDI-TOF-MS 法测聚合物的分子量 ……………… 70
实验 32　静态光散射法测定聚合物的分子量和分子尺寸 ……… 77
实验 33　动态光散射法测定聚合物粒子的粒径及其分布 ……… 81
实验 34　静态和动态热机械分析联用测定聚合物的自由
　　　　　体积分数 ……………………………………………… 84
实验 35　浊度滴定法测定聚合物的溶度参数 …………………… 88
实验 36　膨胀计法测定聚合物的玻璃化转变温度 ……………… 90
实验 37　聚合物的热重分析 ……………………………………… 93
实验 38　聚合物温度-形变曲线的测定 …………………………… 95
实验 39　聚合物的热谱分析（差示扫描量热法） ……………… 99
实验 40　动态热机械分析法测量高聚物的动态力学性能 …… 102
实验 41　旋转流变仪测定聚合物熔体的动态流动特性 ……… 105
实验 42　旋转黏度计测定聚合物溶液的流动曲线 …………… 110
实验 43　落球法测聚合物熔体零切黏度 ……………………… 113
实验 44　聚合物表面接触角的测定 …………………………… 115
实验 45　聚合物热导率的测定 ………………………………… 118
实验 46　塑料拉伸性能的测定 ………………………………… 120
实验 47　弯曲强度测定 ………………………………………… 126
实验 48　塑料冲击强度的测定 ………………………………… 128
实验 49　高分子材料硬度的测定 ……………………………… 132
实验 50　氧指数测定 …………………………………………… 134
实验 51　塑料燃烧性能的测定：水平法与垂直法 …………… 137
实验 52　聚合物材料维卡软化点的测定 ……………………… 140
实验 53　转矩流变仪测定聚合物流变性能 …………………… 142
实验 54　高聚物流动速率（熔融指数）的测定 ……………… 146

第四章　高分子材料成型加工实验 ………………………………… 148

实验 55　天然橡胶的塑炼和混炼 ……………………………… 148

实验 56　天然橡胶的硫化及拉伸、撕裂性能测试 …………… 151
实验 57　热塑性塑料挤出造粒 ………………………………… 154
实验 58　塑料的注射成型 ………………………………………… 158
实验 59　塑料的开炼和压制成型 ………………………………… 161
实验 60　中空成型设备的操作应用 ……………………………… 163
实验 61　流延成膜工艺 …………………………………………… 166
实验 62　薄膜吹塑工艺 …………………………………………… 169

第五章　高分子性能测试模块化实验 ……………………………… 173

模块一　天然橡胶实验模块 ……………………………………… 173
模块二　塑料填充改性实验模块 ………………………………… 174
模块三　塑料阻燃实验模块 ……………………………………… 175

参考文献 ……………………………………………………………… 178

第一章
高分子化学基础实验

实验 1

环氧树脂的制备

一、实验目的

1. 通过双酚 A 型环氧树脂的制备，掌握缩聚反应的实验原理和方法。
2. 掌握环氧树脂环氧值测定方法和环氧树脂的固化机理。
3. 了解环氧树脂的使用方法和性能。

二、实验原理

环氧树脂是指含有环氧基团的聚合物。环氧树脂的品种有很多，常用的有环氧氯丙烷与酚醛缩合物反应生成的酚醛环氧树脂、环氧氯丙烷与甘油反应生成的甘油环氧树脂、环氧氯丙烷与二羟基二苯基丙烷（双酚 A）反应生成的双酚 A 型环氧树脂等。环氧氯丙烷是主要单体，它可以与各种多元酚类、多元醇类、多元胺类反应，生成各类型环氧树脂。其中双酚 A 型环氧树脂产量最大，用途最广，有通用环氧树脂之称。

双酚 A 型环氧树脂可通过缩聚反应来制备。缩聚反应过程中，2-2 官能度体系进行缩聚，将形成线型缩聚物。如有 3 个或 3 个以上官能度单体参与，则先形成可溶可熔的线型或支链低分子树脂；反应如继续进行，则形成不溶不熔的体型结构。制备双酚 A 型环氧树脂是将环氧氯丙烷和双酚 A 在 NaOH 的催化作用下不断地进行开环、闭环反应，从而得到分子量几百至几千的线型树脂（即结构预聚物），如图 1 所示。在其成型或应用时，再加入固化剂或催化剂交联成体型结构。

图 1 中 n 一般在 0～12 之间，分子量相当于 340～3800。n 值的大小由原料配比（环氧氯丙烷和双酚 A 的摩尔比）、反应温度、氢氧化钠的浓度及用量、加料次序等因素来控制。环氧树脂分子中的环氧基和羟基都可以成为进一步交联的基团，胺类和酸酐是其交联的固化剂。乙二胺、二亚乙基三胺等含有伯胺类的活泼氢原子，可使环氧基直接开环交联，属于室温固化剂。酸酐类（如邻苯二甲酸酐和马来酸酐）作为固化剂时，因其活性较低，须在较高的温度（150～160 ℃）下固化，属于高温固化。

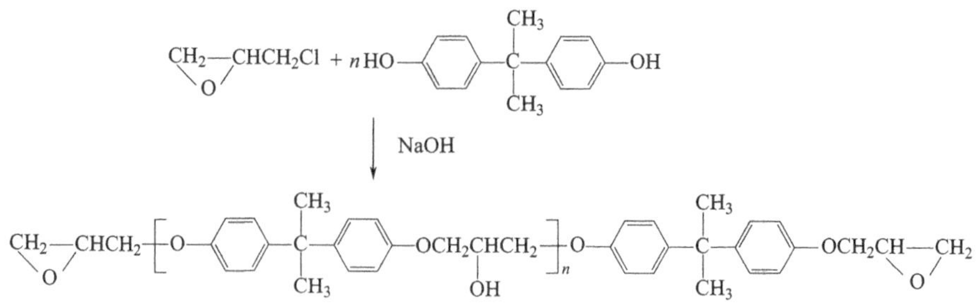

$$CH_2\!-\!CHCH_2Cl + n\,HO\!-\!\!\bigcirc\!\!-\!\!\underset{CH_3}{\overset{CH_3}{C}}\!\!-\!\!\bigcirc\!\!-\!OH$$

$$\downarrow NaOH$$

$$CH_2\!-\!CHCH_2\!\!\left[\!O\!-\!\!\bigcirc\!\!-\!\!\underset{CH_3}{\overset{CH_3}{C}}\!\!-\!\!\bigcirc\!\!-\!OCH_2CH\!\!\underset{OH}{-}\!\right]_n\!\!O\!-\!\!\bigcirc\!\!-\!\!\underset{CH_3}{\overset{CH_3}{C}}\!\!-\!\!\bigcirc\!\!-\!OCH_2CH\!-\!CH_2$$

图 1 环氧氯丙烷与双酚 A 反应制备双酚 A 型环氧树脂的反应式

环氧树脂具有以下优点：①黏附力强。在环氧树脂中有极性的羟基、醚基和极具活性的环氧基，使环氧树脂分子与相邻界面产生较强的分子间作用力。环氧基团则与介质表面，特别是金属表面的游离键起反应，形成化学键，因而环氧树脂具有很高的黏附力，用途很广，商业上称为"万能胶"。②收缩率低，尺寸稳定性好。环氧树脂和固化剂的反应是直接进行的，没有水或其他挥发性产物放出，因而其固化收缩率很低。③机械性能好。固化后的环氧树脂具有高的交联密度，因此具有优良的机械性能。④化学稳定性好。固化后的环氧树脂体系具有优良的耐碱性、耐酸性和耐溶剂性。⑤电绝缘性能好。固化后的环氧树脂体系在宽的频率和温度范围内具有良好的电绝缘性能。环氧树脂用途极为广泛，可以作为黏合剂、涂料、层压材料，以及浇铸、浸渍或磨具材料等使用。

三、主要试剂与仪器

1. 试剂：双酚 A、环氧氯丙烷、30% NaOH 溶液、0.1 mol/L NaOH、甲苯、去离子水、盐酸-丙酮溶液、酚酞指示剂、乙二胺。

2. 仪器：三口烧瓶、回流冷凝管、滴液漏斗、分液漏斗、蒸馏瓶、量筒、抽滤瓶、真空水泵、搅拌器、温度计、移液管、木块、铝片、砂纸、表面皿、磨口锥形瓶、玻璃棒。

四、实验步骤

1. 制备环氧树脂

称量 22.8 g (0.1 mol) 双酚 A 于 250 mL 三口烧瓶内，再量取环氧氯丙烷 24 mL (28 g, 0.3 mol)，倒入三口烧瓶中，装上搅拌器、恒压滴液漏斗、回流冷凝管及温度计，开动搅拌。升温到 60 ℃，待双酚 A 全部溶解后，将 20 mL 30% NaOH 溶液置于 50 mL 滴液漏斗中，慢慢滴加至三口烧瓶中（开始滴加要慢些，环氧氯丙烷开环是放热反应，反应液的温度会自动升高）。保持温度在 60~65 ℃，约 1 h 内滴加完毕。然后在 90 ℃继续反应 1 h 后停止。在三口烧瓶中倒入 30 mL 去离子水、60 mL 甲苯，充分搅拌，趁热倒入分液漏斗中，静置分层，除去水层，再用去离子水洗涤两次。取有机层用真空水泵减压蒸馏除去挥发物，冷却后得到琥珀色透明树脂。

2. 测量环氧值

环氧值是指每100 g树脂中环氧基的物质的量，是计算固化剂用量的依据。分子量越高，环氧值就降低，一般低分子量环氧树脂的环氧值在 0.48～0.57 mol/100 g 之间。分子量小于1500的环氧树脂，其环氧值测定用盐酸-丙酮法，反应式为：

$$\sim\!\!\!\sim\!\!\mathrm{CH\!\!-\!\!CH_2} + \mathrm{HCl} \xrightarrow{\text{丙酮}} \sim\!\!\!\sim\!\!\mathrm{CH\!\!-\!\!CH_2}$$
$$\quad\quad\; \mathrm{O} \quad\quad\quad\quad\quad\quad\quad\quad \mathrm{OH}\;\;\mathrm{Cl}$$

称1 g左右树脂，放入150 mL的磨口锥形瓶中。用移液管加入25 mL盐酸-丙酮溶液（1 mL盐酸＋40 mL丙酮），微热后加塞振摇使环氧树脂充分溶解，放置1 h。冷却后以酚酞作指示剂，用0.1 mol/L氢氧化钠溶液滴定。按上述条件做空白试验两次。

环氧值 E 按下式计算：

$$E = \frac{(V_0 - V_2)c}{1000m} \times 100 = \frac{(V_0 - V_2)c}{10m} \tag{1}$$

式中，V_0 为空白滴定所消耗 NaOH 溶液的体积，mL；V_2 为样品测试所消耗 NaOH 溶液的体积，mL；c 为 NaOH 溶液的浓度，mol/L；m 为树脂质量，g。

3. 黏结试验

1. 分别准备两小块木片和铝片。木片用砂纸打磨擦净，铝片用酸性处理液（10份 $K_2Cr_2O_7$ 和50份浓 H_2SO_4、340份 H_2O 配成）处理10～15 min。取出用水冲洗后晾干。

2. 用干净的表面皿称取4 g环氧树脂，加入0.3 g乙二胺，用玻璃棒调匀，分别取少量均匀涂于木片或铝片的端面约1 cm范围内，对准胶合面合拢、压紧，放置48 h后在110 ℃烘1h，用于测试黏结强度。

五、注意事项

1. 环氧树脂所含环氧基的多少除用环氧值表示外，还可用环氧百分含量或环氧当量表示。环氧百分含量为每100 g树脂中含有的环氧基质量（g）。而环氧当量相当于一个环氧基的环氧树脂质量（g），三者之间有如下互换关系：

$$\text{环氧值} = \frac{\text{环氧百分含量}}{\text{环氧基分子量}} = \frac{100}{\text{环氧当量}}$$

2. 线型环氧树脂为黄色至青铜色的黏稠液体或脆性固体，易溶于有机溶剂。未加固化剂的环氧树脂有热塑性，可长期贮存。其主要指标是环氧值。固化剂的用量与环氧值成正比，固化剂的用量对成品的力学性能影响很大，必须控制适当。

六、思考题

1. 合成环氧树脂的反应中，若NaOH的用量不足，将对产物有什么影响？
2. 环氧树脂的分子结构有何特点？为什么环氧树脂具有良好的黏结性能？
3. 为什么环氧树脂使用时必须加入固化剂？固化剂的种类有哪些？
4. 通常环氧树脂有五大类，根据学过的知识，请你设计一种耐高温的环氧树脂。

实验 2

界面缩聚法制备尼龙 66

一、实验目的

1. 掌握界面缩聚反应的原理与特点。
2. 了解以己二胺与己二酰氯进行界面缩聚制备尼龙 66 的方法。

二、实验原理

缩合聚合（也称缩聚）是制备高分子材料的常用方法，有熔融聚合、溶液聚合、固相缩聚和界面缩聚等四种方式。界面缩聚是缩聚反应的特殊实施方式，是将两种单体分别溶解于互不相溶的两种溶剂中，然后将两种溶液混合，则聚合反应只发生在两相溶液的界面。为了使线形缩聚反应顺利进行，必须考虑以下原则和措施：①尽可能避免或减少副反应；②提高反应物的纯度；③尽可能提高反应程度；④采用减压或其他手段去除副产物，使反应向聚合物方向移动；⑤严格保证两官能团等量的基础上，加入单官能团物质或让一种双官能团单体过量，以控制分子量。

界面聚合要求单体有很高的反应活性。由己二胺与己二酰氯制备尼龙 66 是实验室常用的方法。其反应特征为：己二胺的水溶液为水相（上层），己二酰氯的四氯化碳溶液为有机相（下层）；两者混合时，由于氨基与氯的反应速率高，在相界面上很快就生成聚合物薄膜。图 1 为尼龙 66 的聚合反应式。

界面缩聚设备简单、操作容易（图 2），制备高分子量的聚合物常常不需要严格的等物质的量之比，可常温聚合，可连续性获得聚合物，反应快速，目前已经应用于很多聚合物例如聚酰胺、聚碳酸酯及聚氨基甲酸酯等的合成。这种聚合方法也有缺点，主要是二元酰氯单体的成本高，并需要使用和回收大量的溶剂。

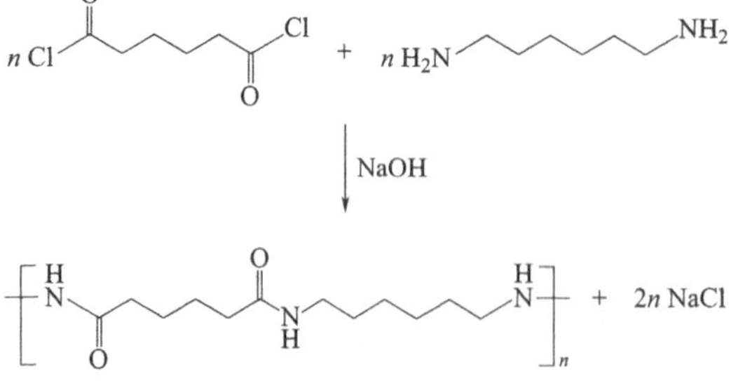

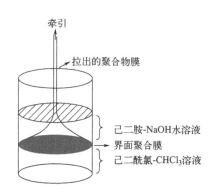

图 1 尼龙 66 的聚合反应式

图 2 界面缩聚制备尼龙 66 的示意图

三、主要试剂与仪器

1. 试剂：己二酸、二氯亚砜、己二胺、氢氧化钠、四氯化碳、N,N-二甲基甲酰胺（DMF）、稀盐酸。

2. 仪器：分析天平、量筒、圆底烧瓶、回流冷凝管、氯化钙干燥管、氯化氢气体吸收装置、带侧管的试管、温度计、烧杯、锥形瓶、玻璃棒。

四、实验步骤

1. 己二酰氯的合成

$$HOOC(CH_2)_4COOH \xrightarrow{SOCl_2} ClOC(CH_2)_4COCl$$

① 在装有回流冷凝管的圆底烧瓶内（回流冷凝管上方装有氯化钙干燥管，后接有氯化氢吸收装置）加入己二酸 10 g 及二氯亚砜 20 mL，再加入两滴 DMF，即有大量气体生成。加热回流反应 2 h 左右，直至没有氯化氢气体放出。

② 将回流装置改为蒸馏装置。首先在常压下利用温水浴，将过剩的二氯亚砜蒸馏出；再减压蒸馏，将己二酰氯蒸馏出。

2. 尼龙 66 的合成

① 将己二胺 4.64 g 及氢氧化钠 3.2 g 放入 250 mL 的烧杯中，加水 100 mL 溶解（标记为 A 杯，注意使水温保持在 10~20 ℃）。

② 己二酰氯 3.66 g 放入干燥的另一个 250 mL 烧杯中，加入精制过的四氯化碳 100 mL 溶解（标记为 B 杯，注意使水温保持在 10~20 ℃）。

③ 将 A 杯中的溶液沿着玻璃棒徐徐倒入 B 杯内。立即在两界面上形成了半透明薄膜，即为聚己二酰己二胺（尼龙 66）。

④ 用玻璃棒小心将界面处的薄膜拉出，并缠绕在玻璃棒上。将持续生成的聚合物拉出，直至己二酰氯反应完毕。也可以使用导轮，借着重力，观察具有弹性的丝状尼龙 66 连续不断地被拉出，如图 2 所示。

⑤ 将所得聚合物放入 50 mL 3% 的稀盐酸溶液中浸泡，然后用去离子水洗涤至中性后压干，于 80 ℃ 真空干燥至恒重，计算产率。

五、思考题

1. 比较界面缩聚及其他缩聚反应的不同。
2. 界面缩聚能否用于聚酯的合成？为什么？
3. 为什么己二酰氯需要现配现用？

实验 3

耐热型聚酰亚胺的合成

一、实验目的

1. 掌握聚酰亚胺的低温缩合聚合的合成方法。
2. 了解聚酰亚胺功能高分子的性质和应用领域。

二、实验原理

聚酰亚胺（polyimide，PI）是指大分子主链含有酰亚胺基团的聚合物，可分为脂肪族聚酰亚胺和芳香族聚酰亚胺两大类。脂肪族聚酰亚胺在性能上无特殊之处，实用价值不高，因而，目前的聚酰亚胺多为芳香族聚酰亚胺，其结构通式为：

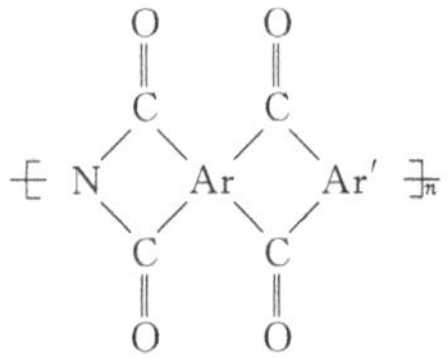

Ar 代表二酐中的芳基，Ar′代表二胺中的芳基，但也有二酐中不含芳基的聚酰亚胺，如聚双马来酰亚胺。

聚酰亚胺是一种耐高温、高强度、高绝缘性的工程塑料。1959 年，美国杜邦（DuPont）公司首先报道了用多种四羧酸二酐和芳基二胺合成聚酰亚胺的专利，并于 1961 年正式实现了聚酰亚胺薄膜和漆的工业化。聚酰亚胺的合成方法有一步法、二步法、三步法和气相沉积法。通常采用的方法为二步法：第一步为芳香族二元酸酐与二元胺在极性有机溶剂中合成聚酰胺酸；第二步为聚酰胺酸经热转化法或化学转化法脱水环化形成聚酰亚胺。本实验采用均苯四甲酸二酐（PMDA）与 4,4′-二氨基二苯醚（ODA）合成均苯型聚酰亚胺，反应分两步完成。

1. 缩聚反应

均苯四甲酸二酐与 4,4′-二氨基二苯醚在强极性溶剂二甲基乙酰胺和低温条件下反应，得到聚酰胺酸（图 1）。

2. 酰亚胺化反应

酰亚胺化反应可采用热转化法或化学转化法（图 2）。热转化法是将聚酰胺酸先除去溶剂制成粉末或直接流涎成为薄膜，然后在惰性气体的保护下或真空中加热至 300～450 ℃处理 1 h，使聚酰胺酸完成分子内脱水环化，生成聚酰亚胺。化学转化法是将脱水剂如醋

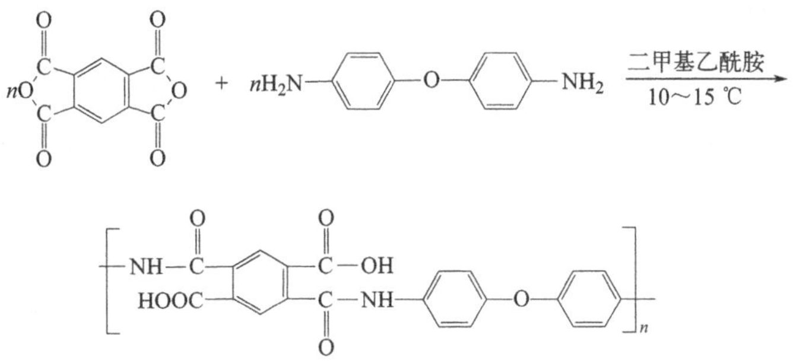

图 1 聚酰胺酸合成反应式

酸酐、丙酸酐等与催化剂直接加入聚酰胺酸溶液中进行环化脱水。

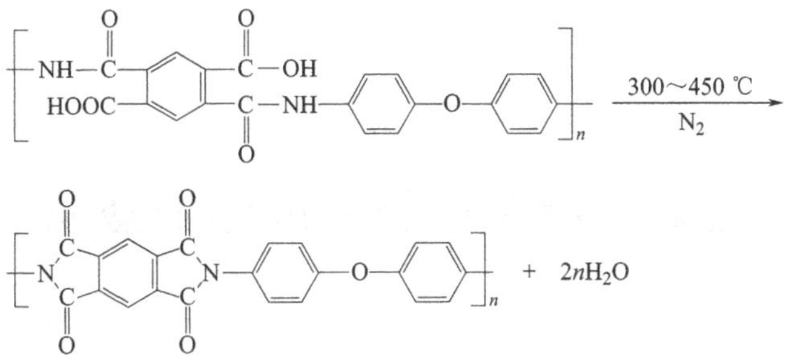

图 2 酰亚胺化反应式

三、主要试剂与仪器

1. 试剂：均苯四甲酸二酐（PMDA），使用前于 130～140 ℃ 烘箱中干燥 3～5 h，随后降温至 40～50 ℃ 并保存在烘箱中备用；4,4′-二氨基二苯醚（ODA），使用前于 130～140 ℃ 烘箱中干燥 3～5 h，随后降温至 40～50 ℃ 并保存在烘箱中备用；二甲基乙酰胺（DMAC，新蒸）。

2. 仪器：机械搅拌器、烘箱、水浴锅、三口烧瓶、温度计、玻璃棒、载玻片。

四、实验步骤

1. 聚酰胺酸（PPA）的合成

在装有搅拌器、温度计的 100 mL 三口烧瓶中加入 15 mL 的 DMAC，称取 2.0 g（约 0.01 mol）ODA 溶解于 DMAC 溶剂中，于室温下（温度不超过 20 ℃）开始搅拌，待完全溶解后，分批向其中加入 2.20 g（0.01 mol）PMDA，反应体系黏度由慢至快地增加，尤其是靠近化学计量比时，黏度突然变大，搅拌出现爬杆现象。加完 PMDA 之后，室温条件下搅拌 5～6 h，然后水浴升温到 60 ℃ 左右，至爬杆现象消失，冷却到室温得到黏稠的淡黄色聚酰胺酸（PAA）溶液，可加入适当 DMAC 溶剂，使其稀释到合适黏度。

2. 聚酰亚胺的制备

直接将 PAA 溶液用玻璃棒均匀地涂覆在干净的载玻片上,放入烘箱中,在 170 ℃下烘 1 h,然后升温到 260 ℃烘 1 h,再升温到 350 ℃左右烘 1 h,环化脱水后得到黄铜色的薄膜状的聚酰亚胺。聚酰亚胺的耐热性及玻璃化转变温度可通过热重分析(TG)和差示扫描量热法(DSC)来测试。

五、思考题

1. 如果所用的试剂不通过干燥和重蒸处理,对聚酰胺酸的合成会有何影响?
2. 在聚酰胺酸的合成过程中,为什么要在较低的温度下进行?
3. 简述聚酰亚胺的种类、特点及其应用领域。
4. 第一步反应过程中,分析体系黏度先增加后降低的原因。

实验 4

缩聚反应制备聚氨酯泡沫塑料

一、实验目的

1. 掌握缩聚反应制备聚氨酯泡沫塑料的原理。
2. 了解醇酸缩聚反应的特点。
3. 了解聚氨酯泡沫塑料的用途。

二、实验原理

聚氨酯(PU)是高分子主链中含有氨基甲酸酯基(—NHCOO)的聚合物,全称为聚氨基甲酸酯。聚氨酯是一种新兴的有机高分子材料,被誉为"第五大塑料"。聚氨酯泡沫塑料是由含羟基的聚醚或聚酯树脂、异氰酸酯、催化剂、水、表面活性剂及其他助剂,通过专用设备混合,经缩聚反应、交联反应而制备的泡沫状高分子材料。

聚氨酯的典型合成反应式如图 1 所示:

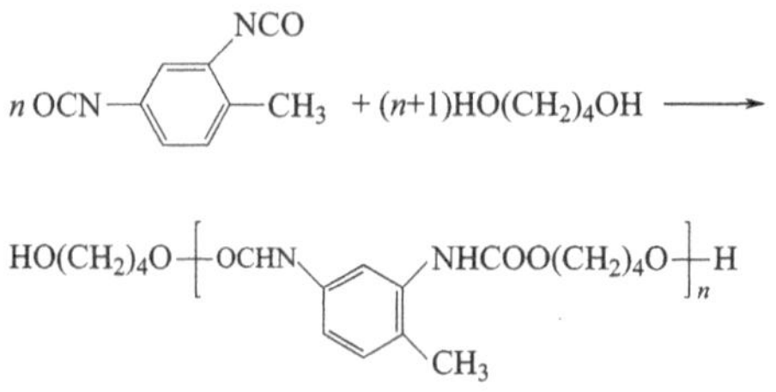

$$n\text{OCN}-\underset{\underset{CH_3}{|}}{\text{C}_6H_3}-\text{NCO} + (n+1)\text{HO(CH}_2)_4\text{OH} \longrightarrow$$

$$\text{HO(CH}_2)_4\text{O}\!\!-\!\!\left[\text{OCHN}-\text{C}_6H_3(\text{CH}_3)-\text{NHCOO(CH}_2)_4\text{O}\right]_n\!\!-\!\!H$$

图 1 聚氨酯的合成反应式

这个反应是按逐步聚合反应机理进行的，但它又具有加成反应不析出小分子的特点，因此又称为"聚加成反应"。

聚氨酯泡沫塑料中主要原料的作用：①二异氰酸酯类。二异氰酸酯类是生成聚氨酯的主要原料，采用最多的是甲苯二异氰酸酯。甲苯二异氰酸酯有2,4-和2,6-两种同分异构体，前者活性大，后者活性小，常用此两种异构体的混合物。②聚酯或聚醚。聚酯或聚醚是生成聚氨酯的另一主要原料，聚酯通常都是分子末端带有羟基的树脂，一般由二元羧酸和多元醇制成。聚氨酯泡沫塑料制品的柔软性可由聚酯或聚醚的官能团数和分子量来调节，即控制聚合物分子中支链的密度。③催化剂。根据泡沫塑料的生产要求，必须使发泡反应完成时泡沫网络的强度足以使气泡稳定地包裹在内，这可由催化剂来调节。生产中主要的催化剂是叔胺类化合物和有机锡化合物。叔胺类化合物对异氰酸酯与羟基以及异氰酸酯与水的两种化学反应都有催化能力，而金属有机化合物对异氰酸酯与羟基的反应特别有效。因此，通常将两种催化剂混合使用。④发泡剂。聚氨酯泡沫塑料的发泡剂是异氰酸酯与水作用生成的二氧化碳。⑤表面活性剂。生产时为了降低发泡液体的表面张力，使成泡容易和泡沫均匀，又使水能与聚酯或聚醚均匀混合，须在原料中加入少量表面活性剂。常用的表面活性剂有水溶性硅油、磺化脂肪醇、磺化脂肪酸及其他非离子型表面活性剂等。⑥其他助剂。为了提高聚氨酯泡沫塑料的质量，常需要加入某些功能的助剂，如为提高机械强度加入铝粉，为降低收缩率而加入粉状无机填料，为提高柔软性而加入增塑剂，为增加美观色泽而加入各种颜料等。

聚氨酯泡沫的制备分为预聚体法、半预聚体法和一步法等三种。本实验主要采用一步法。一步法发泡即是将聚醚或聚酯多元醇、多异氰酸酯、水以及其他助剂如催化剂、泡沫稳定剂等一次加入，使链增长、气体发生及交联等反应在短时间内几乎同时进行，在物料混合均匀后，1～10 s即行发泡，0.5～3 min发泡完毕并得到具有较高分子量和一定交联密度的泡沫制品。

三、主要试剂与仪器

1. 试剂：三羟基聚醚树脂、甲苯二异氰酸酯（水分≤0.1%，纯度98%，异构比为65∶35或80∶20）、三乙烯二胺（纯度98%）、二月桂酸二丁基锡、硅油、蒸馏水。

2. 仪器：烧杯、纸盒、玻璃棒、鼓风干燥箱。

四、实验步骤

1. 在1号烧杯中依次加入0.1 g三乙烯二胺、0.2 g水、10 g三羟基聚醚树脂和0.1～0.2 g硅油（匀泡和稳泡作用），搅拌均匀待用。

2. 在2号烧杯中依次加入25 g三羟基聚醚树脂、10 g甲苯二异氰酸酯和0.1 g二月桂酸二丁基锡（催化剂），搅拌均匀，可观察到有反应热放出。

3. 将1号烧杯中摇匀的反应物在搅拌下缓慢倒入2号烧杯，迅速搅拌均匀。当反应混合物变稠后，将2号烧杯倒入纸盒中。

4. 在室温下静置0.5 h后，放入干燥箱中约70 ℃条件下加热0.5 h，使之交联固化完全。观察所得泡沫塑料外观，切开观察内部泡沫均匀性。

五、注意事项

甲苯二异氰酸酯为剧毒药品,在使用时应注意防护,在通风橱内进行量取。注意尽量不要洒出,洒出的异氰酸酯可用5%的氨水处理。

六、思考题

1. 聚氨酯泡沫塑料的软硬由哪些因素决定?
2. 上述实验中各组分的功能和作用是什么?
3. 如何保证得到均匀的泡孔结构?

实验 5

聚己二酸乙二醇酯的制备

一、实验目的

1. 通过测定酸值和出水量,计算聚己二酸乙二醇酯的反应程度和平均聚合度。
2. 理解逐步聚合反应的机理,运用 Carothers 方程来控制缩聚反应的分子量,加深对缩聚反应分子量控制的理解。

二、实验原理

线型缩聚反应的特点是单体的双官能团间相互反应,同时析出副产物。在反应初期,由于参加的官能团数目较多,反应速率较快,转化率较高,单体间相互形成二聚体、三聚体,最终生成高聚物。

影响线型缩聚反应的反应程度和平均聚合度的因素,除单体结构外,还与反应条件如配料比、催化剂、反应温度、反应时间、出水程度等有关。配料比对反应程度和分子量的影响很大,体系中任何一种单体过量都会降低反应程度;采用催化剂可大大加快反应速率;提高温度也能加快反应速率,提高反应程度,同时促使反应产生的低分子量产物尽快离开反应体系,使平衡向着有利于生产高聚物的方向移动。另外,反应未达平衡前,延长反应时间亦可提高反应程度和分子量。本实验由于实验设备、反应条件和时间的限制,不能获得较高分子量的产物,只能通过测定反应程度了解缩聚反应的特点及影响因素。

在聚合过程中反应程度的监测是实验的重要步骤,可以采用羟基滴定法或羧基滴定法测定反应体系中残留官能团的含量,求得产物的数均分子量,并与设计值比较。合成结束后,产物经必要的纯化和干燥,用蒸气压渗透法准确测定分子量。

聚己二酸乙二醇酯的制备过程是通过己二酸、乙二醇在催化剂作用下,进行酯化反应得到产物。聚酯反应体系中由于单体己二酸上有羧基官能团存在,因而在聚合反应中有小分子水排出。反应式如下:

$$n\text{HO(CH}_2)_2\text{OH} + n\text{HOOC(CH}_2)_4\text{COOH} \longrightarrow$$
$$\text{H[O(CH}_2)_2\text{OOC(CH}_2)_4\text{CO]}_n\text{OH} + (2n-1)\text{H}_2\text{O}$$

通过测定反应过程中的酸值变化或出水量来求得反应程度。反应程度计算公式如下：

$$p = t \text{ 时刻出水量/理论出水量}$$
$$p = (\text{初始酸值} - t \text{ 时刻酸值})/\text{初始酸值}$$

在配料比严格控制在官能团等物质的量时，产物的平均聚合度与反应程度的关系如下式所示，据此可求得平均聚合度和产物分子量。

$$\overline{X}_n = \frac{1}{1-p} \tag{1}$$

在本实验中，外加对甲苯磺酸催化，催化剂浓度可视为基本不变（即 [H$^+$] 为一常数），因此该反应为二级，其动力学关系为：

$$-\text{d}c/\text{d}t = k[\text{H}^+]c^2 = Kc^2$$

积分代换得：

$$\overline{X}_n = \frac{1}{1-p} = Kc_0 t + 1 \tag{2}$$

式中　t——反应时间，min；

　　　c_0——反应开始时每克原料混合物中羧基或羟基的浓度，mmol/g；

　　　K——该反应条件下的反应速率常数，g/(mmol·min)。

根据上式，当反应程度达 80% 以上时，即可以 $\overline{X}_n$ 对 t 作图求出 K，验证在外加酸催化下聚酯缩聚的二级反应动力学。

三、主要试剂与仪器

1. 试剂：己二酸、乙二醇、对甲苯磺酸、乙醇-甲苯（1∶1）混合溶剂、酚酞、0.1 mol/L 的 KOH 水溶液、工业酒精。

2. 仪器：聚合装置（如图 1 所示，包括 250 mL 三口烧瓶、电动搅拌器、冷凝管、温度计、锅式电炉、分水器、毛细管、干燥管）、真空抽排装置（包括水泵、安全瓶）、真空干燥箱、锥形瓶、移液管、碱式滴定管、量筒。

四、实验步骤

1. 按图 1(a) 安装好实验装置，整套装置安装要规范，避免搅拌速度不均匀。

2. 向三口烧瓶中按配方一次加入 48.7 g 己二酸、39.4 g 乙二醇和 60 mg 对甲苯磺酸，充分搅拌均匀后，取约 0.5 g 样品（第一个样）用分析天平准确称量，加入到 250 mL 锥形瓶中，再加入 15 mL 乙醇-甲苯（1∶1）混合溶剂，样品溶解后，以酚酞作指示剂，用 0.1 mol/L 的 KOH 水溶液滴定至终点，记录所耗碱液体积，计算酸值。

3. 用电炉开始加热，当物料熔融后，在 15 min 内升温至 160 ℃±2 ℃，反应 60 min。在此段时间共取五个样，测定并计算酸值，在物料全部熔融时取第二个样，达到 160 ℃时取第三个样，之后每 15 min 取一次样，取三次，总共六个样。第六个样取样后再反应 15 min。

4. 然后于 15 min 内将体系温度升至 200 ℃±2 ℃，此时取第七个样，并在此温度下

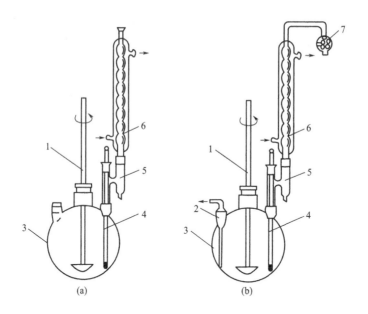

图 1　己二酸乙二醇酯的聚合装置

1—搅拌器；2—毛细管；3—三口烧瓶；4—温度计；5—分水器；6—球形冷凝管；7—干燥管

反应 30 min 后取第八个样，继续再反应 30 min。

5. 将反应装置改成减压系统［图 1(b)］，即加上毛细管，并在其上和冷凝管上各接一支硅胶干燥管，继续保持 200 ℃±2 ℃，真空度为 100 mmHg❶，反应 15 min 后取第九个样，至此结束反应。

6. 在反应过程中从开始出水时，每析出 0.5~1 mL 水，测定一次析水量，直至反应结束，取不少于 10 个水样。

7. 反应停止后，趁热将产物倒入回收盒内，冷却后为白色蜡状物。用 20 mL 工业酒精清洗三口烧瓶，洗瓶液倒入回收瓶中。

五、数据记录与处理

1. 按式（3）计算酸值

$$酸值(mg/g) = \frac{cVM}{m} \tag{3}$$

式中　c——氢氧化钾-乙醇标准溶液的浓度，mol/L；

V——消耗的氢氧化钾-乙醇的体积，mL；

M——KOH 摩尔质量，56.1 g/mol；

m——样品的质量，g。

2. 按表 1 记录酸值，计算反应程度和平均聚合度，绘出 p-t 和 $\overline{X}_n$-t 图。

---

❶　1 mmHg=133.32 Pa。

表 1　酸值数据记录

反应时间/min	样品质量/g	消耗的 KOH 溶液的体积/mL	酸值/(mg/g)	反应程度 p	平均聚合度 $\overline{X}_n$

3. 按表 2 记录出水量，计算反应程度和平均聚合度，绘出 p-t 和 $\overline{X}_n$-t 图。

表 2　出水量数据记录

反应时间/min	出水量/mL	反应程度 p	平均聚合度 $\overline{X}_n$

六、思考题

1. 说明本缩聚反应实验装置有几种功能，并结合 p-t 和 $\overline{X}_n$-t 图分析熔融缩聚反应的几个时段分别起到了哪些作用。
2. 实验中保证等物质的量的投料配比有何意义？
3. 对于该体系，怎么控制分子量？写出分子量控制的定量表达式。

实验 6

酸法制备酚醛树脂

一、实验目的

1. 掌握合成线型酚醛树脂的反应原理和方法。
2. 掌握线型酚醛树脂的固化机制及方法。
3. 了解反应物的配比和反应条件对酚醛树脂结构的影响。

二、实验原理

酚醛树脂塑料是第一批商品化的人工合成聚合物，具有强度高、尺寸稳定性好、抗冲击、抗蠕变、抗溶剂和耐湿气性能良好等优点，在涂料、塑料、胶黏剂等领域得到广泛应用。

线型酚醛树脂是甲醛和苯酚以（0.75～0.85）∶1 的摩尔比经聚合反应而合成。酸法制备酚醛树脂的主要步骤包括酚和醛的缩聚、酸催化、酸中和、水洗、干燥等过程。酸法一般以草酸或硫酸作催化剂（用量为苯酚的 1%～2%），加热回流 2～4h，反应方程式如图 1 所示。

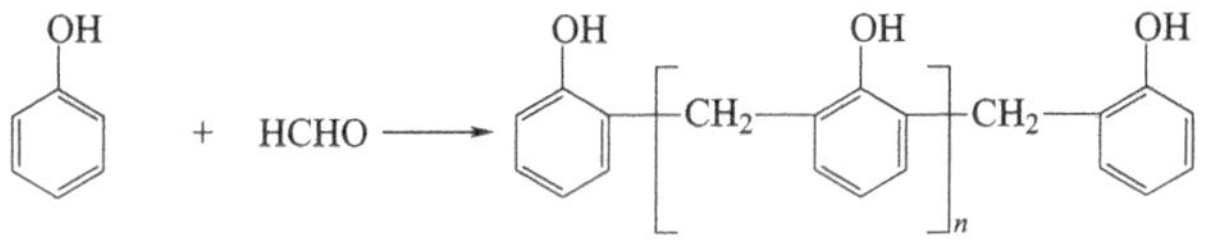

$$\text{PhOH} + \text{HCHO} \longrightarrow \text{[线型酚醛树脂结构式]}$$

图 1　线型酚醛树脂合成反应式

线型酚醛树脂的固化一般通过胺类化合物交联，如加入 5%～15%（质量分数）的六亚甲基四胺作为固化剂，加入 2% 左右的氧化镁或氧化钙作为促进剂，加热即可迅速发生交联形成网状结构，最终转变为不溶不熔的热固性塑料。

三、主要试剂与仪器

1. 试剂：苯酚、甲醛水溶液、二水合草酸、六亚甲基四胺。
2. 仪器：三口烧瓶、冷凝管、温度计、水浴加热装置、机械搅拌器、减压蒸馏装置、研钵、烧杯。

四、实验步骤

1. 线型酚醛树脂的制备

① 向装有机械搅拌器、回流冷凝管和温度计的三口烧瓶中加入 13 g 苯酚，9.3 g 甲醛水溶液（质量分数 36%），0.2 g 二水合草酸和 1.5 mL 水。

② 水浴加热并开动搅拌，反应混合物回流 1.5 h。

③ 加入 30 mL 蒸馏水，搅拌均匀后，冷却至室温，分离出水层。

④ 实验装置改为减压蒸馏装置，剩余部分逐步升温至 150 ℃，同时减压至真空度为 50～100 kPa，保持 1 h 左右，除去残留水分。

⑤ 在产物温热并保持可流动状态下，将其从烧瓶中倾出，得到无色脆性固体。

2. 线型酚醛树脂的固化

① 取 5 g 酚醛树脂，加入 0.25 g 六亚甲基四胺，在研钵中研磨混合均匀。

② 将粉末放入小烧杯中，小心加热使其熔融，观察混合物的流动性变化。

五、思考题

1. 线型酚醛树脂和甲基酚醛树脂在结构上有什么差异？
2. 反应结束后，加入 30 mL 蒸馏水的目的是什么？
3. 计算苯酚和甲醛加料之比，苯酚过量的目的是什么？
4. 为什么用水和草酸而不用浓盐酸和浓硫酸作为酚醛树脂制备的催化剂？

实验 7

碱催化法制备酚醛树脂

一、实验目的

1. 掌握碱法合成热固性酚醛树脂的原理和方法。
2. 了解热塑性酚醛树脂与热固性酚醛树脂的区别。

二、实验原理

强碱催化苯酚和甲醛反应也可聚合得到酚醛树脂。酚醛树脂可从热塑性的线型树脂经交联固化为不溶不熔的体型树脂。固化的历程可分为 3 个阶段。A 阶段,线型树脂,可溶于乙醇、丙酮及碱液中,加热后进入 B、C 阶段;B 阶段,不溶于碱液中,可部分或全部溶于丙酮、乙醇中,进一步加热后进入 C 阶段;C 阶段,为不溶不熔的体型树脂,不含有或很少含有能被丙酮抽提出来的低分子物。

本实验主要是合成 A 阶段的酚醛树脂。A 阶段的酚醛树脂一般在碱性条件下缩聚而成,苯酚和甲醛的摩尔比为 1:(1.25~2.5),可以用 NaOH、氨水、$Ba(OH)_2$ 等为催化剂。甲醛与苯酚间的加成反应见图 1。

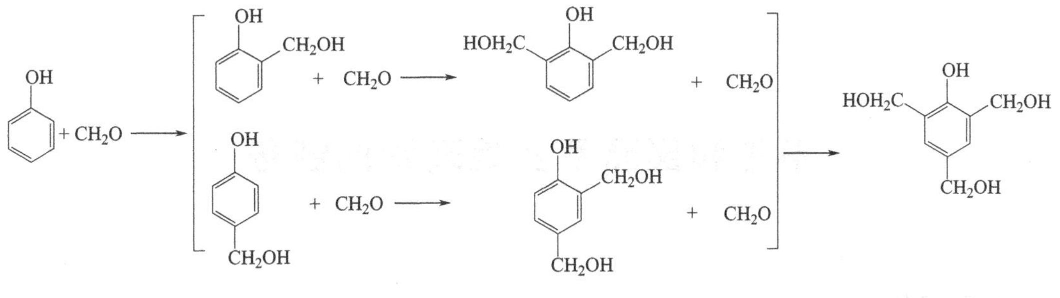

图 1 甲醛与苯酚间的加成反应

羟甲基酚间的缩聚反应见图 2。

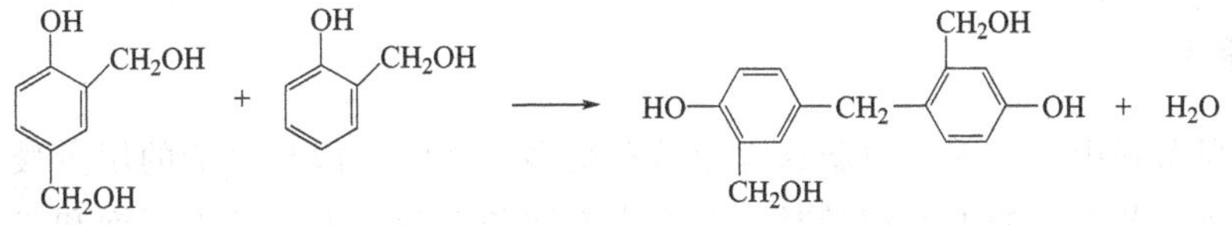

图 2 羟甲基酚间的缩聚反应

三、主要试剂与仪器

1. 试剂：苯酚、37％甲醛水溶液、$Ba(OH)_2 \cdot 8H_2O$、10％硫酸。
2. 仪器：三口烧瓶、球形冷凝管、直形冷凝管、温度计、搅拌器、电热套、真空泵等。

四、实验步骤

1. 在一个装有搅拌器、温度计的三口烧瓶中投入 9.4 g 苯酚、125 g 37％甲醛水溶液及 0.47 g $Ba(OH)_2 \cdot 8H_2O$。
2. 开动搅拌，加热升温到 70 ℃，反应 2 h。
3. 用 10％的硫酸溶液调节反应混合物的 pH 至 6～7。
4. 将球形冷凝管换成直形冷凝管，在 30～50 kPa 下把水蒸出。蒸馏温度不能超过 70 ℃。脱水过程容易出现凝胶现象，必须谨慎控制。
5. 每隔 20 min，中断蒸馏以便取样。如果样品固化不发黏，便终止反应。（树脂一旦变黏，每隔 10 min 取一次样。当约 8 h 后终止缩合反应时，缩聚物在 70 ℃ 下仍具有流动性。）
6. 将反应混合物从瓶中倒出后，冷却固化为不溶不熔的物质。

五、思考题

1. 苯酚和甲醛的投料配比对热固性酚醛树脂的性能有何影响？
2. 热塑性酚醛树脂和热固性酚醛树脂的结构有何区别？

实验 8

不饱和聚酯及其玻璃钢的制备

一、实验目的

1. 了解控制线型聚酯聚合反应程度的原理及方法。
2. 掌握线型不饱和聚酯树脂的聚合机理和制备方法。
3. 掌握线型不饱和聚酯的交联方法及其玻璃纤维增强塑料（玻璃钢）的制备方法。

二、实验原理

纤维增强塑料中，热固性树脂的应用品种很多，其中不饱和聚酯的用量最大。聚酯分子结构中含有非芳香族的不饱和键时，即称为不饱和聚酯，主要是由不饱和二元酸、饱和二元酸与二元醇缩聚反应的线型聚合物。不饱和聚酯长链大分子中含有不饱和双键，通常情况下缩聚反应结束后，趁热加入一定量的活性乙烯基单体配制成一定黏度的液体树脂，在引发剂和促进剂的作用发生交联反应。最常用的不饱和聚酯由顺丁烯二酸酐和乙二醇来合成，其反应机理如下。

酸酐开环并与羟基加成：

$$\text{顺丁烯二酸酐} + HOCH_2CH_2OH \longrightarrow HOOC-CH=CH-COO-CH_2CH_2-OH$$

形成的羟基酸可进一步进行缩聚反应，如羟基酸分子间进行缩聚：

$$2HO-\underset{O}{\overset{\|}{C}}-CH=CH-\underset{O}{\overset{\|}{C}}-O-CH_2CH_2-OH \longrightarrow$$

$$HO-\underset{O}{\overset{\|}{C}}-CH=CH-\underset{O}{\overset{\|}{C}}-O-CH_2CH_2-O-\underset{O}{\overset{\|}{C}}-CH=CH-\underset{O}{\overset{\|}{C}}-O-CH_2CH_2-OH + H_2O$$

或者羟基酸与二元醇进行缩聚反应：

$$HO-\underset{O}{\overset{\|}{C}}-CH=CH-\underset{O}{\overset{\|}{C}}-O-CH_2CH_2-OH + 2HOCH_2CH_2OH \longrightarrow$$

$$HO-CH_2CH_2-O-\underset{O}{\overset{\|}{C}}-CH=CH-\underset{O}{\overset{\|}{C}}-O-CH_2CH_2-OH + 2H_2O$$

在实际生产中，为了改进不饱和聚酯最终产品的性能，常常加入一部分饱和二元酸（或其酸酐），如邻苯二甲酸酐、对苯二甲酸等。

三、主要试剂与仪器

1. 试剂：顺丁烯二酸酐、邻苯二甲酸酐、1,2-丙二醇、苯乙烯、过氧化苯甲酰、对苯二酚、石蜡、二甲苯胺、邻苯二甲酸二辛酯、KOH-乙醇溶液、玻璃纤维方格布、聚丙烯薄膜。
2. 仪器：四口烧瓶，球形冷凝管，直形冷凝管，油水分离器，蒸馏头，温度计，广口试剂瓶，锥形瓶，加热、控温、搅拌装置，平板玻璃，烧杯，刮刀，CO_2 钢瓶。

四、实验步骤

1. 不饱和聚酯树脂的合成

① 如图 1 所示，安装好实验仪器，并检查反应瓶磨口的气密性。

② 向装有搅拌器、回流冷凝管、油水分离器、氮气导管和温度计的四口烧瓶中依次加入顺丁烯二酸酐 9.8 g、邻苯二甲酸酐 14.8 g、1,2-丙二醇 9.2 g。加热升温，并通入氮气保护。同时在蒸馏头出口处接上直形冷凝管，并通入水冷却。用 25 mL 已干燥称重的烧杯接收馏出的水分。

③ 在 30 min 内升温至 80 ℃，充分搅拌，反应 1.5 h 后升温至 160 ℃，并在此温度下维持 30 min，之后取样测酸值。再逐渐升温至 190～200 ℃，并维

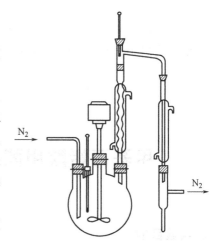

图 1 不饱和聚酯树脂合成装置

持此温度。控制蒸馏头温度在 102 ℃ 以下。每隔 1 h 测一次酸值。酸值小于 80 mg/g 后，每 0.5 h 测一次酸值，直到酸值达到（40±2）mg/g。

④ 停止加热，冷却物料至 170~180 ℃ 时，加入对苯二酚和石蜡，充分搅拌，直至溶解。待物料降温至 100 ℃ 时，将称量好的苯乙烯迅速倒入反应瓶内。要求加完苯乙烯后的物料温度不超过 70 ℃，充分搅拌，待树脂冷却到 40 ℃ 以下，再取样测酸值。

⑤ 称量馏出水，与理论出水量比较，估计反应程度。

2. 玻璃纤维增强塑料的制备

① 在烧杯中，加入不饱和聚酯树脂 100 份，过氧化苯甲酰-邻苯二甲酸二辛酯糊 4 份，二甲苯胺 0.01 份，混合并搅拌均匀，备用。

② 裁剪 100 mm×100 mm 的玻璃布十块，备用。

③ 在光洁的玻璃板上，铺上一层玻璃纸，再铺上一层剪好的玻璃布。用刮刀刷上一层上述步骤 1 的混合物，使之渗透，小心驱除气泡，再铺上一层玻璃布，反复此操作，直到达到所需厚度。最后再铺上一层玻璃纸，驱出气泡，并压上适当的重物。

④ 放置过夜，再置于 100~150 ℃ 烘箱中 2 h，得到纤维增强不饱和聚酯树脂，即玻璃钢（FRP）。

3. 酸值测定方法

聚合物的酸值定义为 1 g 聚合物所消耗的 KOH 的质量。精确称取 1 g 左右树脂，置于 250 mL 锥形瓶，加入 25 mL 丙酮，溶解后加入 3 滴酚酞指示剂，用浓度为 0.1 mol/L 的 KOH-乙醇标准溶液滴定至终点。酸值按下式计算得到：

$$酸值(mg/g) = cVM/m$$

式中，c 为消耗的 KOH-乙醇标准溶液的浓度，mol/L；V 为滴定试样所消耗的 KOH-乙醇标准溶液的体积，mL；M 为 KOH 摩尔质量，56.1 g/mol；m 为样品的质量，g。

五、思考题

1. 若要制备韧性好、柔性大的玻璃钢，应如何设计配料？
2. 酸值的意义是什么？为什么用酸值来判断反应的终点？
3. 在合成不饱和聚酯树脂过程中为什么不加入阻聚剂？

实验 9

甲基丙烯酸甲酯本体聚合制备有机玻璃棒

一、实验目的

1. 掌握自由基本体聚合的特点和聚合方法。

2. 熟悉有机玻璃棒的制备方法，了解其工艺和控制过程。

二、实验原理

本体聚合是指单体仅在少量的引发剂存在下（或者直接在热、光和辐射条件下）进行的聚合反应，具有产品纯度高和无须后处理等优点，可直接聚合成各种规格的型材。但是由于体系黏度大，聚合热难以散去，反应控制困难，容易导致产品发黄，出现气泡，从而影响产品的质量。

本体聚合进行到一定程度，体系黏度大大增加，大分子链的移动困难，而单体分子的扩散受到的影响不大，链引发和链增长反应照常进行，而增长链自由基的终止受到限制，结果使得聚合反应速率增加，聚合物分子量变大，出现所谓的自动加速效应。更高的聚合速率导致更多的热量生成，如果聚合热不能及时散去，会使局部反应"雪崩"式地加速进行而失去控制。因此，自由基本体聚合中控制聚合速率使聚合反应平稳进行是获取无瑕疵型材的关键。

聚甲基丙烯酸甲酯（PMMA）由于有庞大的侧基存在，为无定形聚合物，具有高度的透明性。可见光透过率为90%～93%，因此又称为有机玻璃。它的密度小（1.18 g/cm^3），耐低温性能好，在−183～60 ℃冲击强度几乎没有变化，且其电性能优良，是航空工业与光学仪器制造业的重要材料。有机玻璃表面光滑，在一定的曲率内光线可在其内部传导而不逸出，因此在光导纤维领域得到应用。但是，聚甲基丙烯酸甲酯耐候性差、表面易磨损，可以使甲基丙烯酸甲酯与苯乙烯等单体共聚来改善耐磨性。

有机玻璃是通过甲基丙烯酸甲酯的本体聚合制备的。甲基丙烯酸甲酯的密度（0.94 g/cm^3）小于聚合物的密度，在聚合过程中出现较为明显的体积收缩。为了避免体积收缩和改善散热，工业上往往采用二步法制备有机玻璃。在过氧化苯甲酰（BPO）引发下，甲基丙烯酸甲酯聚合初期反应平稳，当转化率超过20%后，聚合体系黏度增加，聚合速率显著增加。此时应该停止第一阶段反应，将聚合浆液转移到模具中，低温反应较长时间。当转化率达到90%以上后，聚合物已经成型，可以升温使单体完全聚合。

三、主要试剂与仪器

1. 试剂：过氧化苯甲酰（BPO）、甲基丙烯酸甲酯（MMA）。
2. 仪器：三口烧瓶、冷凝管、温度计、水浴锅、电动搅拌器、玻璃试管、烘箱。

四、实验步骤

1. 预聚物的制备

准确称量120 mg过氧化苯甲酰、量取53 mL甲基丙烯酸甲酯，混合均匀，加入到装有冷凝管的三口烧瓶中。开动电动搅拌器，将水浴逐渐升温至85 ℃，反应约30～60 min。体系达到一定黏度（相当于甘油黏度的两倍，此时转化率为7%～15%）后，停止加热，冷却至室温。

2. 有机玻璃棒的制备

将上述预聚物浆液缓缓注入干净的玻璃试管内，灌注高度为试管高度的一半左右，排净气泡。将试管垂直放入烘箱内,于 40 ℃继续聚合直至体系固化失去流动性,再升温至 80 ℃硬化后冷却至室温。小心敲开玻璃试管,得到透明的有机玻璃棒。

五、思考题

1. 制备有机玻璃棒,为什么要先进行预聚合?
2. 自动加速效应是怎样产生的,对聚合反应有哪些影响?
3. 工业上采用本体聚合方法制备有机玻璃棒有何优点?
4. 制备有机玻璃棒,为什么不使用偶氮类引发剂?

实验 10

溶液聚合——聚醋酸乙烯酯的合成

一、实验目的

1. 掌握溶液聚合的合成方法和聚合体系特点。
2. 了解聚醋酸乙烯酯的性质特点与主要用途。

二、实验原理

溶液聚合是指将单体和引发剂溶于适当溶剂中的聚合。由于借助溶剂为分散介质,溶液聚合一般具有反应均匀、聚合热易散发、反应速率及温度易控制、分子量分布均匀等优点,但在聚合过程中存在向溶剂链转移的反应,产物分子量降低。因此,在选择溶剂时必须注意溶剂的活性大小。各种溶剂的链转移常数相差很大,水为零,苯较小,卤代烃较大。一般根据聚合物分子量的要求选择合适的溶剂。另外还要注意溶剂对聚合物的溶解性能。选用良溶剂时,反应为均相聚合,可以消除凝胶效应,遵循正常的自由基动力学规律。选用不良溶剂(沉淀剂)时,则为沉淀聚合,凝胶效应显著。产生凝胶效应时,反应自动加速,分子量增大。

聚醋酸乙烯酯是以醋酸乙烯酯为原料,通过自由基聚合制备得到的高分子。根据聚合方法不同,得到的聚醋酸乙烯酯用途也不一样。通过溶液聚合制备的醋酸乙烯酯,可用于制备聚乙烯醇及其缩醛类树脂,进而制造维尼纶纤维。由于醋酸乙烯酯自由基活性较高,容易发生链转移,反应大部分在醋酸基的甲基处反应,进而形成支链或交联产物。除此之外,还向单体、溶剂等发生链转移反应,所以在选择溶剂时,必须考虑其对单体、聚合物及分子量的影响,选取适当的溶剂。

本实验以甲醇为溶剂进行醋酸乙烯酯的溶液聚合。根据反应条件如温度、引发剂量、溶剂等的不同可得到分子量从 2 000 到几万的聚醋酸乙烯酯。聚合时,溶剂回流带走反应热,温度平稳。但由于溶剂引入,大分子自由基和溶剂易发生链转移反应使分子量降低。温度对聚合反应也是一个重要的因素。随温度的升高,反应速率加快,分子量降低,同时引起链转移反应速率增加，所以必须选择适当的反应温度。

三、主要试剂与仪器

1. 试剂：醋酸乙烯酯（VAc）、偶氮二异丁腈（AIBN）、甲醇。
2. 仪器：三口烧瓶、搅拌器、恒温水浴装置、量筒、冷凝管、温度计、瓷盘。

四、实验步骤

在装有搅拌器、冷凝管、温度计的 250 mL 三口烧瓶中，分别加入 60 mL 醋酸乙烯酯、10 mL 溶有 0.2 g AIBN 的甲醇。在搅拌下逐渐升温至 64 ℃（注意不要超过 65 ℃），反应 1～2 h。观察反应情况，当体系很黏稠，聚合物完全黏在搅拌轴上时停止加热。加入 50 mL 甲醇，再搅拌 10 min，待黏稠物稀释后，停止搅拌。然后将溶液慢慢倒入盛水的瓷盘中，聚醋酸乙烯酯呈薄膜析出。放置过夜，待膜面不黏手，将其用水反复冲洗，晾干后剪成碎片，计算产率，并留作醇解所用。

五、思考题

1. 溶液聚合的特点及影响因素是什么？
2. 如何选择溶剂，实验中为什么用甲醇当溶剂？

实验 11

苯乙烯的悬浮聚合

一、实验目的

1. 了解悬浮聚合的原理、特点及其配方中各组分的作用。
2. 掌握苯乙烯的悬浮聚合方法。

二、实验原理

悬浮聚合是依靠激烈的机械搅拌使含有引发剂的单体分散到与单体互不相溶的介质中实现的。由于大多数烯类单体只微溶于水或几乎不溶于水，悬浮聚合通常都以水为介质。悬浮体系是不稳定的，悬浮稳定剂的加入可以帮助单体颗粒在介质中分散。因此，悬浮聚合体系中主要有 4 个组分：单体、引发剂、水和分散剂（悬浮剂）。在悬浮聚合中，在搅拌下单体被分散剂分散在水中，每个小液滴都是一个微型聚合场所，液滴周围的水介质连续相都是这些微型反应器的热传导体。因此尽管每个液滴中单体的聚合与本体聚合无异，但整个聚合体系的温度可得到有效控制。悬浮聚合法的优点是反应体系温度易控制，聚合热易排除，兼有本体聚合和溶液聚合的长处；后处理简单，生产成本低，产物可直接加工。但产品纯度不如本体聚合法高，残留的分散剂等难以除去，影响产品的透明度及介电性能。

工业上常用的悬浮聚合稳定剂有明胶、羟乙基纤维素、聚丙烯酰胺和聚乙烯醇等，这类亲水性的聚合物又都被称为保护胶体。另一大类常用的悬浮稳定剂是不溶于水的无机物粉末，如硫酸钡、磷酸钙、氢氧化铝、钛白粉、氧化锌等。悬浮剂的性能和用量对聚合物颗粒大小和分布有很大影响。一般而言，悬浮剂用量越大，所得聚合物颗粒越细。如果悬浮剂为水溶性高分子，悬浮剂分子量越小，所得的树脂颗粒就越大，因此悬浮剂分子量的不均一性会造成树脂颗粒分布变宽。如果是固体悬浮剂，悬浮剂粒度越细，所得树脂的粒度也越小。

单体液体层在搅拌的剪切力作用下分散成小液滴的大小主要由搅拌速率决定。搅拌速率越高，则产品颗粒直径越小；搅拌速率越低，则产品颗粒直径就越大。搅拌速率不能太低，因为悬浮聚合体系中的单体颗粒存在着相互结合形成大颗粒的倾向，特别是随着单体向聚合物的转化，颗粒黏度增大，颗粒间的黏结便越容易。因此实验中自始至终都不能停止搅拌。只有当分散颗粒中单体转化率足够高、颗粒硬度足够大时，黏结的危险才会消失。因此，悬浮聚合条件的选择和控制十分重要。

聚苯乙烯是现代塑料工业中最重要的材料之一，被广泛应用于电子产品、食品容器、包装和建筑材料等。部分聚苯乙烯、全部可发性聚苯乙烯和离子交换树脂多采用悬浮法生产。产品的最终用途决定树脂颗粒的大小。悬浮聚合的粒径一般在 0.01~5 mm 之间，用作离子交换树脂的和泡沫塑料的聚合物颗粒的直径小于 0.1 mm。直径为 0.2~0.5 mm 的树脂颗粒比较适用于模塑工艺。若体系中加入部分二乙烯基苯，产品具有交联结构，并有较高的强度和耐溶剂性等，可用作制备离子交换树脂的原料。

三、主要试剂与仪器

1. 试剂：苯乙烯、二乙烯基苯、2%（质量分数）聚乙烯醇（PVA）、过氧化苯甲酰（BPO）、亚甲基蓝、磷酸钙。
2. 仪器：温度计、恒温水浴装置、三口烧瓶、回流冷凝管、电动搅拌器、抽滤瓶、布氏漏斗、真空水泵、烘箱。

四、实验步骤

向装有搅拌器、温度计和回流冷凝管的 250 mL 三口烧瓶中加入 120 mL 蒸馏水、8 mL 2%的 PVA 水溶液、200 mg 磷酸钙粉末和 1~2 滴 1%亚甲基蓝水溶液。调节搅拌器速率稳定在 300 r/min 左右后开始升温，待瓶内温度升至 85 ℃时，取事先在室温下溶解好 120 mg BPO 的 15 mL 苯乙烯溶液，倒入反应瓶中搅拌均匀，再接着加入 3 mL 二乙烯基苯于反应瓶中。反应 2 h 后，用滴管或玻璃棒取样检查珠子是否已有硬度。珠子变硬以后，升温至 90~95 ℃，再加热 0.5 h。反应结束后倾出上层清液，用热水洗产物 1 次，然后趁热用真空水泵抽滤。固体产物放入烘箱中烘干，并计算转化率。

五、注意事项

1. 亚甲基蓝为水相阻聚剂，无亚甲基蓝时可用硫代硫酸钠或其他水阻聚剂代替，加入少量磷酸钙粉末可使悬浮体系更稳定一些。

2. 若无二乙烯基苯，需适当延长反应时间。
3. 反应时搅拌要快、均匀，使单体能形成良好的珠状液滴。但搅拌太快易生成沙粒状的聚合物，搅拌太慢易结块附着在搅拌棒上。
4. 聚合过程中不宜随意改变搅拌速度。

六、思考题

1. 加入水相阻聚剂有什么优点？
2. 简述悬浮聚合特点，并说明它与乳液聚合有何不同之处。
3. 能否将单体先分散在聚合体系中，然后再加引发剂，为什么？
4. 如何控制苯乙烯颗粒大小？

实验 12

乙酸乙烯酯的乳液聚合——白乳胶的制备

一、实验目的

1. 了解乳液聚合机理及各组分的功能作用。
2. 掌握聚乙酸乙烯酯胶乳的制备方法及用途。

二、实验原理

单体在水相介质中，由乳化剂分散成乳液状态进行的聚合，称乳液聚合，其主要成分是单体、水、引发剂和乳化剂。区别于自由基聚合的其他三种聚合方法，乳液聚合常采用水溶性引发剂。乳化剂是乳液聚合的重要组分，它可以使互不相溶的油-水两相转变为相当稳定难以分层的乳浊液。乳化剂分子一般由亲水的极性基团和疏水的非极性基团构成。根据极性基团的性质可以将乳化剂分为阳离子型、阴离子型、两性和非离子型四类。

当乳化剂分子在水相中达到一定浓度，即到达临界胶束浓度（CMC）后，体系开始出现胶束，使单体增溶。胶束虽小，但数量多，总表面积比单体液滴大得多，成为乳液聚合的主要场所。发生聚合后的胶束称作乳胶粒。随着反应的进行，乳胶粒数目不断增加，胶束消失，此过程中速率不断增大，为乳液聚合增速期；之后乳胶粒数目恒定，由单体液滴提供单体进入乳胶粒进行反应，此过程中乳胶粒内单体浓度恒定，速率不变，构成乳液聚合的恒速期；到单体液滴逐渐消失后，随乳胶粒内单体浓度的减少而出现速率下降，为乳液聚合的降速期。

乳液聚合的反应机理不同于一般的自由基聚合，其聚合速率及聚合度可表示如下：

$$R_P = \frac{10^3 N k_p [M]}{2 N_A} \tag{1}$$

$$\overline{X}_n = \frac{Nk_p[M]}{R_t} \tag{2}$$

式中，N 为乳胶粒数目；N_A 是阿伏伽德罗常数；[M]代表胶粒中的单体浓度。由此可见，聚合速率与引发速率无关，而取决于乳胶粒数目。乳胶粒数目的多少与乳化剂浓度有关，增加乳化剂浓度，即增加乳胶粒数目，可以同时提高聚合速率和分子量。而在本体、溶液和悬浮聚合中，使聚合速率提高的一些因素，往往使分子量降低。所以乳液聚合具有聚合速率快、分子量高的优点。乳液聚合在工业生产中的应用也非常广泛。

三、主要试剂与仪器

1. 试剂：乙酸乙烯酯、蒸馏水、10%聚乙烯醇（PVA）水溶液、OP-10（以烷基酚为引发剂合成的环氧乙烷聚合物）、过硫酸钾（KPS）。

2. 仪器：三口烧瓶、恒温水浴装置、冷凝管、搅拌器、量筒、烧杯、温度计、滴管、烘箱。

四、实验步骤

先在 50 mL 烧杯中将 0.1 g KPS 溶于 8 mL 水中，然后在装有搅拌器、冷凝管和温度计的三口烧瓶中加入 30 mL 的 PVA 水溶液、0.8 mL 乳化剂 OP-10、12 mL 蒸馏水、5 mL 乙酸乙烯酯和配制好的 2 mL KPS 水溶液，搅拌混合均匀。水浴加热升温至 68 ℃，在约 1~2 h 内由冷凝管上端用滴管分次滴加完剩余的 27 mL 乙酸乙烯酯和 6 mL KPS 水溶液，保持温度不变。观察到无回流时，将反应温度升到 90 ℃，继续反应 0.5 h 后停止加热，冷却至室温。观察乳液外观，称取 1 g 乳液，放入烘箱干燥，称量残留的固体质量，计算固含量。

$$固含量 = 固体质量/乳液质量 \tag{3}$$

五、注意事项

1. 单体和引发剂的滴加量视单体的回流情况和聚合反应温度而定，当反应温度上升较快、单体回流量小时，需及时补加适量单体，少加或不加引发剂；相反若温度偏低，单体回流量大时，应及时补加适量引发剂，而少加或不加单体，保持聚合反应平稳地进行。

2. 升温时，注意观察体系中单体回流情况，若回流量较大时，应暂停升温或缓慢升温，因单体回流量大时易在气液界面发生聚合，导致结块。

六、思考题

1. 乳化剂浓度对聚合反应速率和产物分子量有何影响？
2. 本实验的单体和引发剂分批加入的目的是什么？
3. 除了乳化剂 OP-10，为何还要加入 PVA？

实验 13

氧化还原体系引发苯乙烯的溶液聚合

一、实验目的

1. 了解单体浓度对聚合反应速率的影响。
2. 掌握氧化还原体系引发有机溶剂中苯乙烯聚合方法。

二、实验原理

氧化还原体系引发有机溶剂中苯乙烯聚合是按自由基聚合机理进行的均相聚合反应。20 世纪 30~40 年代,在德国、美国、英国先后发现氧化还原反应所产生的自由基也可引发烯类单体的聚合。当时为了缩短水溶液和乳液聚合反应的诱导期而加入还原剂,结果不仅缩短了诱导期,也提高了聚合速率。此后就将由氧化剂和还原剂组成的引发体系叫作氧化还原引发体系。由于氧化剂和还原剂之间的单电子转移引起氧化还原反应而产生自由基,这样既可以降低过氧化物的分解活化能,在较低温度(如零度至室温)条件下引发单体聚合,也可以增加过氧化物的分解速率,从而增加聚合速率。因此,氧化还原聚合具有聚合温度低和聚合速率快两个优点。

过氧化氢类与金属铁盐组成的引发体系是一种常用的氧化还原引发体系。过氧化氢的分解活化能 E_a 很高,为 54 kcal[①]/mol,不适合单独作引发剂。过氧化氢和金属盐的引发体系,如 H_2O_2-Fe^{2+} 体系(又称 Fenton 试剂)的分解活化能低,为 9.4 kcal/mol,可以在室温下引发丙烯腈水溶液聚合。

$$HO-OH \longrightarrow HO\cdot + \cdot OH \qquad E_a = 54 \text{ kcal/mol}$$

$$HO-OH + Fe^{2+} \longrightarrow HO\cdot + OH^- + Fe^{3+} \qquad E_a = 9.4 \text{ kcal/mol}$$

有机过氧化物如异丙苯过氧化氢(CHP)、对二异丙苯过氧化氢(IPCHP)、对孟烷-8-过氧化氢(PMHP)分别与亚铁盐组成的氧化还原引发体系,都可用作低温丁苯乳液聚合的引发剂。随着过氧化物的不同,下列引发剂所引发的聚合速率大小顺序为:

PMHP ≈ IPCHP > CHP

有机过氧化物在亚铁离子存在下,其分解活化能比其单独分解的活化能大大降低:

[①] 1 cal = 4.1868 J。

$$\text{(C}_6\text{H}_5\text{)(CH}_3\text{)}_2\text{C-O-OH} \longrightarrow \text{(C}_6\text{H}_5\text{)(CH}_3\text{)}_2\text{C-O}\cdot + \cdot\text{OH}$$

$$E_a = 30 \text{ kcal/mol}$$

$$\text{(C}_6\text{H}_5\text{)(CH}_3\text{)}_2\text{C-O-OH} + \text{Fe}^{2+} \longrightarrow \text{(C}_6\text{H}_5\text{)(CH}_3\text{)}_2\text{C-O}\cdot + \text{OH}^- + \text{Fe}^{3+}$$

$$E_a = 12 \text{ kcal/mol}$$

氧化还原聚合引发速率 R_i 和引发剂的两个组分的浓度成正比：

$$R_i = k_d [\text{氧化剂}][\text{还原剂}] \tag{1}$$

式中，k_d 为分解反应速率常数。如果氧化还原分解产生的两个初级自由基都引发单体聚合，则要乘以 2，如果只有一个自由基引发就不必乘以 2。

聚合速率是由引发速率 R_i（最慢的一步）所决定的，因而 R_i 快则聚合速率 R_p 也快。虽然提高引发体系的任何一个组分的浓度，都可以提高引发速率，也就是提高聚合速率，但对聚合最终转化率的影响则不相同。一般，最好是用过量的过氧化物，使

$$\frac{\text{过氧化物用量}}{\text{还原剂用量}} \geqslant 1 \tag{2}$$

如果还原剂用量过多，则它会与初级自由基反应。所以过量的还原剂会起缓聚或阻聚作用，反而使转化率下降。一般的氧化还原引发体系的配方中，氧化剂用量为单体的 0.1%～1.0%，而还原剂用量为 0.05%～0.1%，使过氧化物和还原剂的摩尔比总是 ≥1。此外，不同的还原剂组分也会影响转化率，因此要选择适当的组分来组成氧化还原引发体系。

三、主要试剂与仪器

1. 试剂：苯甲酸铁、三乙酰基丙酮铁、过氧化苯甲酰、苯、二苯乙醇酮、苯乙烯、氮气、甲醇。

2. 仪器：10 mL 圆底烧瓶、搅拌器、恒温水浴装置、温度计、烧结玻璃漏斗、真空干燥箱、移液管。

四、实验步骤

将 3 个带有合适接头的 10 mL 圆底烧瓶抽空、充氮 3 次。在一个烧瓶中加入 0.3 mg 苯甲酸铁，在另一个烧瓶中加入 0.3 mg 三乙酰基丙酮铁。向这两个烧瓶中各加溶有 12.1 mg（5×10^{-5} mol）过氧化苯甲酰的 0.5 mL 干燥苯（在氮气下蒸馏过）溶液和溶有 10.6 mg 二苯乙醇酮（5×10^{-5} mol）的 1.5 mL 苯溶液。在第三个烧瓶中只加入溶有 12.1 mg 过氧化苯甲酰的 0.5 mL 干燥苯溶液。在氮气流下，向每个烧瓶用移液管加入 1.1 mL（10^{-2} mol）干燥的除去稳定剂的苯乙烯。把瓶中物用苯稀释到约 5 mL。在氮气略为正压下，移去接头，换上磨口玻璃塞，以弹簧固定。在 50 ℃ 下 4 h 后，将每一个反应混合物在搅拌下滴加到 50 mL 甲醇中以终止聚合。用烧结玻璃漏斗过滤，并在 50 ℃ 下真空干燥后，测定每个聚合物样品的转化率、黏度值（苯中，20 ℃）和聚合度。

五、思考题

1. 氧化还原引发体系有哪几类？
2. 氧化还原引发体系与常规自由基引发体系相比有何优点？

实验 14

高吸水性树脂的制备

一、实验目的

1. 了解高吸水性树脂的基本功能及其用途。
2. 了解合成聚合物类高吸水性树脂的基本方法。
3. 掌握反向悬浮聚合制备亲水性聚合物的方法。

二、实验原理

吸水性树脂指不溶于水，在水中溶胀的具有交联结构的高分子。吸水量达平衡时，以干粉为基准的吸水率倍数与单体性质、交联密度以及水质情况（如是否含有无机盐以及无机盐浓度）等因素有关。根据吸水量和用途的不同，吸水性树脂大致分为两大类：吸水量仅为干树脂量的百分之几者，吸水后具有一定的机械强度，称为水凝胶，可用作隐形眼镜、医用修复材料、渗透膜等；吸水量可达干树脂的数十倍，甚至数千倍，称为高吸水性树脂。高吸水性树脂用途十分广泛，在石化、化工、建筑、农业、医疗以及日常生活中有着广泛的应用，如用作吸水材料、堵水材料，用于蔬菜栽培、尿不湿等。一般来说，高吸水性树脂在结构上应具有以下特点：①分子中具有强亲水性基团，如羧基、羟基等，与水接触时，聚合物分子能与水分子迅速形成氢键或其他化学键，对水等强极性物质有较强的吸附作用；②聚合物通常为交联型结构，在溶剂中不溶，吸水后能迅速膨胀；③由于水被包裹在呈凝胶状的分子网络中，不易流失和挥发；④聚合物应具有一定的立体结构和较高的分子量，吸水后能保持一定的机械强度。

制备高吸水性树脂，通常是将一些水溶性高分子如聚丙烯酸、聚乙烯醇、聚丙烯酰胺、聚氧化乙烯等进行轻微的交联。根据原料来源、亲水基团引入方式、交联方式等的不同，高吸水性树脂有许多品种。目前，习惯上按其制备时的原料来源分为淀粉类、纤维素类和合成聚合物类三大类。前两者是在天然高分子中引入亲水基团制成的，后者则由亲水性单体的聚合或合成高分子化合物的化学改性制得。合成聚合物类高吸水性树脂目前主要有聚丙烯酸盐和聚乙烯醇系两大类。根据所用原料、制备工艺和亲水基团引入方式的不同，衍生出许多品种。其合成路线主要有两种途径。第一种是亲水性单体或水溶性单体与交联剂共聚，必要时加入含有长碳链的憎水单体以提高其机械强度。调整单体的比例和交联剂的用量以获得不同吸水率的产品。第二种是将已合成的水溶性高分子进行化学交联使之转变成交联结构,不溶于水而仅溶胀。

  本实验采用第一种合成路线,用水溶性单体丙烯酸以反向悬浮聚合方法制备高吸水性树脂。通常,悬浮聚合是采用水作为分散介质,在搅拌和分散剂的双重作用下,油溶性单体被分散成细小的颗粒进行聚合。由于丙烯酸是水溶性单体,不能以水为聚合介质,因此聚合必须在有机溶剂中进行,即反向悬浮聚合。

  将丙烯酸与二烯类单体在引发剂作用下进行共聚,可得交联型聚丙烯酸。再用 NaOH 等强碱性物质进行皂化处理,将—COOH 转变为—COONa,即得到聚丙烯酸盐类高吸水性树脂。

三、主要试剂与仪器

  1. 试剂:丙烯酸、三乙二醇双丙烯酸酯、过硫酸铵、司盘 80、环己烷、无水乙醇、10%氢氧化钠-乙醇溶液。

  2. 仪器:分析天平、量筒、250 mL 磨口三口烧瓶、恒温水浴装置、冷凝管、温度计、电动搅拌器、布氏漏斗、烧杯、抽滤瓶、培养皿、网袋、干燥器、烘箱、真空装置。

四、实验步骤

  1. 称取悬浮剂司盘 80 2.0 g 于烧杯中,加入 120 mL 环己烷,搅拌使之溶解。

  2. 量取丙烯酸 40 mL、三乙二醇双丙烯酸酯 4 mL 于烧杯中,加入引发剂过硫酸铵 0.4 g,搅拌使之溶解。

  3. 安装反应装置,三口烧瓶接上温度计、冷凝管、搅拌器。加入环己烷/司盘 80 混合液,开动搅拌,升温至 70 ℃。停止搅拌,将单体混合溶液加入三口烧瓶中。重新开动搅拌,调节搅拌速度,使单体分散成大小适当的液滴。保温反应 1 h,然后升温至 90 ℃,继续反应 1 h。

  4. 撤去热源,冷却后用布氏漏斗抽滤,然后用无水乙醇淋洗三次,置于 85 ℃烘箱中烘至恒重。

  5. 取上述干燥的树脂 30 g,置于三口烧瓶中,加入氢氧化钠-乙醇溶液 200 mL。装上冷凝管和温度计,室温下静置 1 h,然后开动搅拌,升温至开始回流并保持 2 h。

  6. 撤去热源,搅拌下自然冷却至室温。用布氏漏斗抽滤,然后用无水乙醇淋洗三次,置于 85 ℃烘箱中烘至恒重,所得的高吸水树脂放于干燥器中保存。

  7. 称取一定质量的树脂加入水中,待树脂充分溶胀一定时间后,用网袋过滤,沥干水分,计算吸水率。

五、注意事项

  1. 司盘 80 是一种亲脂性非离子型表面活性剂。

  2. 高吸水性树脂制备过程中要避免与水接触。

  3. 与正常的悬浮聚合相同,在整个聚合反应过程中,既要控制好反应温度,又要控制好搅拌速度。反应进行 1 h 左右,体系中分散的颗粒由于转化率增加而变得发黏,这时搅拌速度的微小变化(忽快忽慢或停止)都可能导致颗粒粘在一起,或结成块,或粘在搅拌器上,致使反应失败。

六、思考题

1. 比较高吸水性树脂对自来水与去离子水的吸水率，讨论引起差别的原因。
2. 如果实验中三乙二醇双丙烯酸酯的用量加大，高吸水性树脂的吸水率将会如何发生变化？
3. 分析高吸水性树脂的吸水、保水机理。

实验 15

甲基丙烯酸甲酯-苯乙烯悬浮共聚

一、实验目的

1. 掌握高分子悬浮聚合的基本原理和均聚的特点。
2. 掌握悬浮聚合的操作方法和各种影响因素。

二、实验原理

悬浮聚合是单体以小液滴状悬浮在水中进行的聚合。单体中溶有引发剂，一个小液滴相当于一个本体聚合的单元。从单体液滴转变为聚合物固体粒子，中间经过聚合物-单体黏性粒子阶段。为了防止粒子相互黏结在一起，体系中需另加分散剂，以便在粒子表面形成保护膜。因此，悬浮聚合一般由单体、引发剂、水、分散剂四个基本组分组成。

苯乙烯-甲基丙烯酸甲酯共聚物树脂又称 MS（methyl methacrylate-styrene）树脂，是一种热塑性塑料。MS 树脂兼具甲基丙烯酸甲酯的光学性能和耐候性，还具有吸湿性低、加工流动性好等优势，在家用电器、办公用品、汽车制造、食品包装、胶黏剂、日用品等领域应用广泛。

MS 树脂主要合成方法为悬浮聚合法。悬浮聚合法指先制得苯乙烯和甲基丙烯酸甲酯，再经过蒸馏、过滤、干燥等流程制得成品。该法具有成品质量好、原材料利用率高等优势，适合进行连续化生产。

由于甲基丙烯酸甲酯-苯乙烯典型的竞聚率分别为 $r_{MMA}=0.46$，$r_{St}=0.52$，因此通常情况下，聚合时共聚物的组成将随着转化率的上升而发生变化，最终产物具有较宽的化学组成分布。通过 Mayo-Lewis 共聚物组成方程可以得知，此共聚体系存在恒比共聚点，即当甲基丙烯酸甲酯与苯乙烯的投料比为 0.46∶0.52（摩尔比）时，共聚物的组成将是一恒定的值，与单体组成比相同。理论上，在这点上所形成的 MS 共聚物均一性较好。

三、主要试剂与仪器

1. 试剂：苯乙烯、甲基丙烯酸甲酯、过氧化苯甲酰、碳酸镁粉末、稀硫酸。
2. 仪器：恒温水浴装置、搅拌器、冷凝管、三口烧瓶、温度计、抽滤瓶、砂芯漏斗。

四、实验步骤

在装有搅拌器、温度计和回流冷凝管的 250 mL 三口烧瓶中,加入 100 mL 蒸馏水和 5 g 碳酸镁粉末,开动搅拌。在水浴中加热至 95 ℃,保持约 0.5 h,使碳酸镁均匀分散并活化,然后停止搅拌,逐步冷却至 70 ℃。一次性向反应瓶内倒入含有引发剂的单体混合液(14 g 甲基丙烯酸甲酯,16.5 mL 苯乙烯,0.6 g 过氧化苯甲酰),开动搅拌。控制一定的搅拌速度使单体分散成珠状液滴,瓶内温度保持在 70~75 ℃ 之间。反应 40 min 后,开始对水浴缓慢升温至 95 ℃,再反应 1~2 h,使珠状产物进一步硬化。反应结束后,将反应混合物的上层清液倒出,加入适量稀硫酸,使反应液的 pH 值达到 1~1.5。此时有大量气泡生成,静置一段时间后,倾去上层酸液,用大量蒸馏水冲洗余下的珠状产物至中性,然后过滤、干燥、称量。

五、注意事项

1. 反应时搅拌要快、均匀,使单体能形成良好的珠状液滴。
2. 起始反应温度不宜太高,必须严格控制在 70~75 ℃,另外,其后的升温速率要缓慢,以免发生"暴聚"而使产物结块。

六、思考题

1. 自由基共聚合时,如要得到组成均匀的共聚物,一般可采用哪些方法?本实验中采取了何种方法?
2. 如何判断二元自由基共聚反应是否存在恒比共聚点?
3. 根据反应机理,请画出共聚曲线。

实验 16

膨胀计法测定苯乙烯自由基聚合反应速率

一、实验目的

1. 了解膨胀计法测定聚合反应速率的原理和方法。
2. 掌握膨胀计的使用方法。
3. 掌握动力学实验的操作及数据处理方法。

二、实验原理

1. 自由基聚合反应初期动力学

聚合动力学主要研究聚合速率、分子量与引发剂浓度、单体浓度、聚合温度等因素间的定量关系。聚合速率可以用单位时间内单体消耗量或者聚合物生成量来表示,即聚合速率应等于单体消失速率。根据等活性理论、稳态、大分子链很长三个基本假定,在引发速率与单体浓度无关时,引发剂引发的聚合反应速率方程式如下:

$$\frac{d[M]}{dt} = K_p \left(\frac{2fK_d}{K_t}\right)^{1/2} [I]^{1/2}[M] = K[I]^{1/2}[M] \tag{1}$$

在低转化率下,假定[I]保持不变,并将各常数合并,得到:

$$\frac{d[M]}{dt} = K[M] \tag{2}$$

$$K = K_p \left(\frac{2fK_d[I]}{K_t}\right)^{\frac{1}{2}} \tag{3}$$

经积分得:

$$\ln\frac{[M]_0}{[M]_t} = Kt \tag{4}$$

式中,$[M]_0$ 和 $[M]_t$ 分别为单体的起始浓度和在时刻 t 的浓度,K 为常数。实验中测定不同时刻 t 的单体浓度 $[M]_t$,即可按照上式计算出对应的 $\ln\{[M]_0/[M]\}$ 数值,然后再对 t 作图。如果得到一条直线,则对自由基聚合反应机理及其初期动力学进行了验证,同时由直线的斜率可以得到与速率常数有关的常数 K。

2. 用膨胀计测定聚合反应过程中体系密度变化的原理

如果以 P、ΔV 和 ΔV_∞ 分别代表转化率、聚合反应时的体积收缩值和假定转化率达到100%时的体积收缩值(即聚合反应体系能够达到的最大理论收缩值),则 ΔV 正比于 P,即 $P = \Delta V/\Delta V_\infty$。

从开始到 t 时刻已反应的单体量:$P[M]_0 = \Delta V/\Delta V_\infty \cdot [M]_0$。$t$ 时刻体系中还未聚合的单体量:

$$[M]_t = [M]_0 - \Delta V/\Delta V_\infty \cdot [M]_0 = (1 - \Delta V/\Delta V_\infty)[M]_0 \tag{5}$$

$$\ln\frac{[M]_0}{[M]_t} = -\ln(1 - \Delta V/\Delta V_\infty) = Kt \tag{6}$$

由于式中 ΔV_∞ 是由聚合物密度、单体密度和起始单体体积确定的定值,所以只需用膨胀计测定不同时刻聚合体系的体积收缩值 ΔV,就可以通过作图或计算得到 $\ln\{[M]_0/[M]\}$。为了测定不同时刻聚合体系的体积收缩值 ΔV 和 ΔV_∞,需将公式进行变形。

一般单体的密度较小而聚合物的密度较大,随着聚合反应的进行,聚合反应体系的体积会逐渐收缩,其收缩程度与单体的转化率成正比。如果将聚合反应体系的体积改变范围刚好限制在一根直径很细的毛细管中,则聚合体系体积收缩值的测定灵敏度将大大提高,这就是膨胀计法。膨胀计法的原理是利用聚合过程中体积收缩与转化率的线性关系。膨胀计是上部装有毛细管的特殊聚合器,体系的体积变化可直接从毛细管液面下降读出。因此,

$$\Delta V/\Delta V_\infty = \Delta h/h \tag{7}$$

所以

$$-\ln(1 - \Delta h/h) = Kt \tag{8}$$

式中,h 为转化率达到100%时毛细管高度降低量,可通过添加单体质量求得。如测

得毛细管中不同时刻聚合体系的 Δh，即可求出 K。

三、主要试剂与仪器

1. 仪器：膨胀计、恒温水浴装置（配精密温度计，最小刻度 0.10 ℃）、烧杯、量筒、吸管等。

2. 试剂：过氧化苯甲酰（BPO）、苯乙烯（新蒸）。

四、实验步骤

1. 称重：称量洁净膨胀计的质量，记为 m_1，加入适量苯乙烯至膨胀计（距离磨口塞 2~3 cm 处），称量其总质量，记为 m_2。计算得到加入单体的质量为 m（即 $m=m_2-m_1$）。加入引发剂 BPO 200 mg，混合均匀。

2. 装样：将膨胀计小心夹在试管架上，并将其放入温度已经达到要求的（60±0.1）℃ 的恒温池中。注意放入的高度以盛有单体的部分刚好浸入水面为宜。密切注意毛细管液面，当液面停止上升时，记下毛细管内液面高度 x，同时开始记录时间（$t=0$）。加聚反应使体积收缩，每隔 3~5 min 记录一次液面高度 y。大约反应 1 h，转化率可能达到 5%~10%，停止反应。

3. 清洗：反应完成以后立即取出膨胀计，将试液倒入回收瓶，用甲苯清洗两遍，放入烘箱中烘干。

4. 如果实验时间允许，按照相同操作在（70±0.1）℃ 重复作一次。根据不同温度条件下测得的速率可以验证温度对聚合反应速率的显著影响。

五、数据记录与处理

$m_1=$ _____，$m_2=$ _____，$m=$ _____；t_0 时刻液面高度 $x=$ _____。

转化率达到 100% 时毛细管高度降低量 h 为：

$h_{单体}-h_{聚合物}=(V_{单体}-V_{聚合物})/A=(m_{单体}/\rho_{单体}-m_{聚合物}/\rho_{聚合物})/A=m(1/\rho_{单体}-1/\rho_{聚合物})/A=$ _____。

数据记录及处理见表 1。

表 1 数据记录及处理

时间 t/min	毛细管液面高度 y/cm	收缩高度 ($\Delta h=y-x$)/cm	转化率 ($\Delta h/h$)/%	$-\ln(1-\Delta h/h)$

根据数据，以 $-\ln(1-\Delta h/h)$ 对时间 t 作图，斜率即为 K。

六、注意事项

1. 检查活塞是否漏气。如磨口接头附有聚合物，可用纸将其擦去。

2. 注意膨胀计内的单体不得加得太多，即毛细管内液面不得太高，否则开始升温时单体膨胀将溢出毛细管；也不能加得太少，否则当实验数据尚未测完时毛细管内的液面已经低于刻度,无法读数。单体的量略多于实际容积,让玻璃磨口将多余的单体压出来。

3. 因采用了同一支膨胀计进行两次反应,因而单位时间内液面下降的高度之比也可以看作是它们的聚合速率之比。

4. 装料时必须保证膨胀计内无气泡。倾斜着将磨口靠在瓶口的下侧慢慢塞入,让气泡从瓶口的上侧压出来。

苯乙烯及聚苯乙烯不同温度下的密度参考值见表2。

表 2 苯乙烯及聚苯乙烯不同温度下的密度参考值   单位:g/mL

物质	25 ℃	60 ℃	70 ℃	80 ℃
苯乙烯	0.898	0.873	0.864	0.856
聚苯乙烯	1.062	1.0563	1.0469	1.044

七、思考题

1. 影响本实验结果准确度的主要因素有哪些?
2. 能否用同一反应试样做完 60 ℃下的实验以后,继续升温到 70 ℃再测定一组数据,而不重新装料?如果可以,试分析注意事项并比较两组数据的准确性。
3. 比较本实验中采取质量法与体积法来求理论高度的异同。

实验 17

苯乙烯-马来酸酐的交替共聚

一、实验目的

1. 了解苯乙烯与马来酸酐发生自由基交替共聚的基本原理。
2. 掌握自由基溶液聚合的实施方法及聚合物析出方法。
3. 学会除氧、充氮以及隔绝空气条件下的物料转移和聚合方法。

二、实验原理

马来酸酐由于空间位阻效应在一般条件下很难发生均聚,而苯乙烯由于共轭效应极易均聚。当将上述两种单体按一定配比混合后,在引发剂作用下很容易发生共聚,而且共聚产物具有规整的交替结构。这与两种单体的结构有关。马来酸酐双键两端带有两个吸电子能力很强的酸酐基团,使酸酐中碳碳双键上的电子云密度降低而带部分正电荷。而苯乙烯是一个大共轭体系,在正电性的马来酸酐的诱导下,苯环的电荷向双键移动,使碳碳双键上的电子云密度增加而带部分负电荷。这两种带有相反电荷的单体构成了受电子体-给电子体体系,在静电作用下很容易形成一种电荷转移络合物。这种络合物可看作一个大单体,在引发剂作用下发生自由基共聚合,形成交替共聚的结构,如下式所示。

$$M_1 + M_2 \longrightarrow M_1M_2 \text{（配位化合物）}$$

$$M_1M_2 + M_1M_2 \text{（配位化合物）} \longrightarrow M_1M_2\,M_1M_2$$

另外，由 e 值和竞聚率亦可判定两种单体所形成的共聚物结构。由于苯乙烯的 e 值为 0.8，而马来酸酐的 e 值为 2.25，两者相差很大，因此发生交替共聚的趋势很大。在 60 ℃ 时的苯乙烯（M_1）-马来酸酐（M_2）的竞聚率分别为 0.01 和 0，由共聚组成微分方程可得：

$$\frac{d[M_1]}{d[M_2]} = 1 + r_1 \frac{[M_1]}{[M_2]} \tag{1}$$

当惰性单体马来酸酐的用量远大于易均聚单体苯乙烯时，$r_1 \frac{[M_1]}{[M_2]}$ 趋于零，共聚反应趋于生成理想的交替结构。

两单体的结构决定了所生成的交替共聚物，不溶于非极性或极性较小的溶剂，如四氯化碳、氯仿、苯、甲苯等，而可溶于极性较强的四氢呋喃、二氧六环、二甲基甲酰胺、乙酸乙酯等。鉴于上述特色，制备苯乙烯-马来酸酐交替共聚物可采用溶液聚合和沉淀聚合两种方法。本实验选用乙酸乙酯作溶剂，采用溶液聚合的方法合成交替共聚物，而后加入工业酒精使产物析出，此方法只适用于实验室制备。

三、主要试剂与仪器

1. 试剂：苯乙烯、马来酸酐、过氧化苯甲酰、乙酸乙酯、工业酒精。
2. 仪器：真空抽排装置（包括油泵、安全瓶、干燥塔、氮气包、多口真空连接管）、恒温振荡器、分析天平、水泵、磨口锥形瓶、磨口导气管、溶剂加料管、注射器、止血钳、布氏漏斗、烧杯、圆底烧瓶。

四、实验步骤

1. 用分析天平称取 0.5 g 马来酸酐和 0.05 g 过氧化苯甲酰放入锥形瓶中，插上导气管，将其连接在真空抽排装置上，进行抽真空和充氮气操作以排除瓶内空气。反复三次后，在充氮情况下将瓶取下，用止血钳夹住出料口。

2. 用加料管量取 15 mL 乙酸乙酯，在保证不进入空气的情况下，加入到已充氮的锥形瓶中，充分摇晃使固体溶解。再用注射器将 0.6 mL 苯乙烯加入到锥形瓶中，充分摇匀。

3. 将锥形瓶放入 80 ℃ 恒温振荡器中，在反应 15 min 之内注意放气三次，以防止聚合瓶盖被冲开。1h 后结束反应。

4. 将锥形瓶取出，冷却至室温。然后将聚合液倒入圆底烧瓶内，一边搅拌一边加入工业酒精，出现白色沉淀至聚合物全部析出。用布氏漏斗在水泵上抽滤，产物置于通风橱中晾干、称量、计算产率。

五、思考题

1. 说明苯乙烯-马来酸酐交替共聚原理并写出共聚物结构式。如何用化学分析法和仪器分析法确定共聚物组成？
2. 如果苯乙烯和马来酸酐不是等物质的量投料，如何计算产率？
3. 简述溶液聚合和沉淀聚合的优缺点。

实验 18

苯乙烯的阴离子聚合

一、实验目的

1. 掌握阴离子聚合引发剂正丁基锂的制备和分析方法。
2. 掌握苯乙烯阴离子聚合的方法和特点。

二、实验原理

苯乙烯的聚合反应可采用自由基聚合、阴离子聚合和阳离子聚合等多种方法。阴离子聚合是指生长链活性中心为阴离子的聚合，是离子聚合的一种类型。本实验以正丁基锂为引发剂，通过阴离子聚合制备聚苯乙烯。正丁基锂是用金属锂与氯代正丁烷在非极性溶剂中反应制得。纯正丁基锂非常活泼，在空气中自燃，遇水则分解，所以一般制备成10%的苯或烷烃（正庚烷）的溶液，密闭保存。正丁基锂是强碱性物质，可引发具有吸电子基的烯类单体及共轭烯烃单体进行阴离子聚合。活性高，反应速率快，转化率几乎可达100%，而且具有定向作用，能够在一定程度上控制大分子链的立构规整性，是一种常用的阴离子聚合引发剂。

阴离子聚合过程中，链引发速率比链增长要快得多，因此体系中所有聚合物链的增长几乎同时开始。如果体系中无杂质和终止剂，聚合将一直进行到单体耗尽，而不终止，始终保持活性，因此这种聚合物称为活性聚合物。当再加入新单体时，分子量将继续增加，若向体系中分批加入不同种类的单体，可制得嵌段共聚物。离子型聚合反应对聚合反应条件极为敏感，因此对试剂的纯度和干燥程度要求都很严格。为了更好地控制反应，通常在低温和无水无氧环境中，并在 N_2 保护下进行反应。

三、主要试剂与仪器

1. 试剂：乙醚、无水正庚烷、金属锂、无水氯代正丁烷、甲醇、高纯氮气、无水苯乙烯、苯。
2. 仪器：磁力搅拌器、干燥球、球形冷凝管、滴液漏斗、三口烧瓶、锥形瓶、注射器、试管。

四、实验步骤

1. 正丁基锂的制备

对整套仪器进行除水除氧处理，即在火烤下反复抽真空、充氮气三次。在氮气保护下，在反应瓶中加入 35 mL 无水正庚烷和 4 g 金属锂（切成小粒），加热至 60 ℃，在搅拌下从滴液漏斗中滴加 30 mL 无水氯代正丁烷及 15 mL 无水正庚烷的混合液。控制滴加速度，使回流不要太快，约 20 min 内滴加完毕，随后将油浴温度升高至 100～110 ℃。继续搅拌回流 2～3 h，可观察到溶液逐渐变浑浊，最后呈灰白色。反应结束后，冷却至室温静置，使反应生成的 LiCl 沉淀，用注射器将上层清液转移至经严格除水、除氧处理的带磨口二通活塞的 100 mL 锥形瓶中，在氮气保护下存放备用。

2. 苯乙烯的阴离子聚合

取两个洁净、干燥的试管，向其中通高纯氮气 3～5 min。取出通氮管，迅速盖上翻口塞，再用注射器尽量抽出试管中的气体，用注射器向试管中各加 2 mL 无水苯乙烯和 4 mL 苯。

先用高纯 N_2 冲洗带长针头的 1 mL 注射器两次，然后在装有正丁基锂的锥形瓶中取出 1 mL 正丁基锂溶液，慢慢滴加至试管中，摇动。当发现出现的微黄色不再褪掉时，立即停止滴加，记下滴加溶液的体积（mL）。然后再分别准确向两试管中注入 0.3 mL 和 0.5 mL 正丁基锂溶液，若反应剧烈，可用冷水浴稍加冷却，此时体系出现红色，室温放置 1 h。将试管中的聚合物分别倒入 60 mL 甲醇中沉淀，1 h 后将析出的聚合物过滤，洗涤，真空干燥，称重，计算产率。

五、注意事项

1. 阴离子聚合反应必须保证所用仪器绝对干燥和洁净，试剂绝对纯净。为此，在安装好已经充分洁净的各种仪器以后，必须用高纯氮气从整个体系中将其中的空气置换出来，这个过程必须持续 30 min 以上。

2. 金属锂遇水容易燃烧，处理时需特别小心。

3. 滴加正丁基锂溶液时注意滴加速度，注意颜色的变化。

六、思考题

1. 在阴离子聚合中可否用乙醇作为聚合溶剂？为什么？
2. 影响阴离子聚合反应成功的关键因素是什么？
3. 为什么阴离子聚合产物的分子量分布都很窄？影响产物分子量分布变宽的因素有哪些？
4. 苯乙烯阴离子聚合速率比其自由基聚合速率快得多，为什么？

实验 19

阳离子聚合制备聚苯乙烯

一、实验目的

1. 了解苯乙烯阳离子聚合机理。
2. 掌握阳离子溶液聚合方法。

二、实验原理

阳离子型聚合是用酸性催化剂所产生的阳离子引发，使单体形成离子，然后通过阳离子形成大分子。苯乙烯在 $SnCl_4$ 作用下进行阳离子聚合过程如下：

1. 链引发

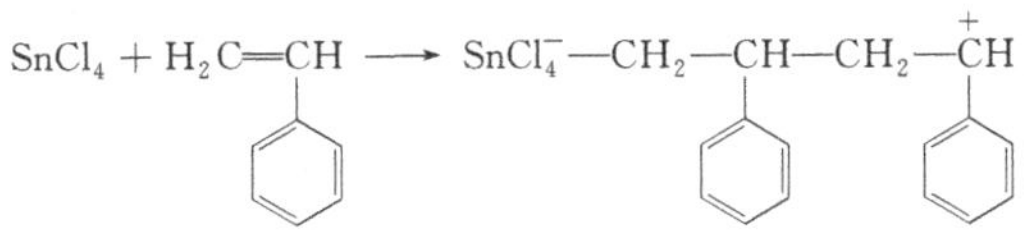

$$SnCl_4 + H_2C=CH(C_6H_5) \longrightarrow SnCl_4^- - CH_2-CH(C_6H_5)-CH_2-\overset{+}{C}H(C_6H_5)$$

2. 链增长

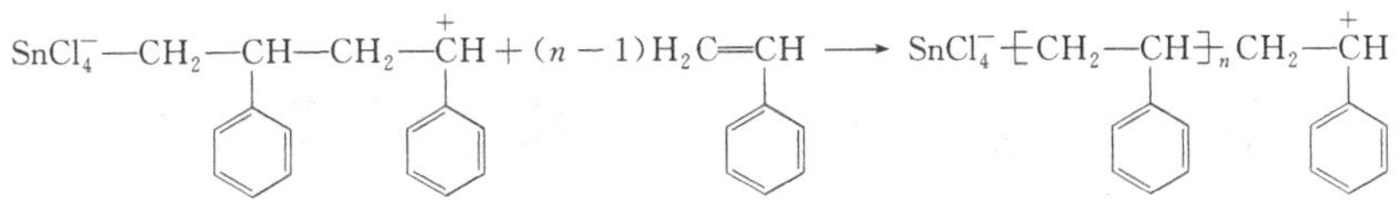

$$SnCl_4^- - CH_2-CH(C_6H_5)-CH_2-\overset{+}{C}H(C_6H_5) + (n-1)H_2C=CH(C_6H_5) \longrightarrow SnCl_4^- \!-\!\!\left[CH_2-CH(C_6H_5)\right]_n\!\!-CH_2-\overset{+}{C}H(C_6H_5)$$

3. 链终止

$$SnCl_4^- \!-\!\!\left[CH_2-CH(C_6H_5)\right]_n\!\!-CH_2-\overset{+}{C}H(C_6H_5) \longrightarrow CH_3-CH(C_6H_5)\!-\!\!\left[CH_2-CH(C_6H_5)\right]_{n-1}\!\!-\overset{H}{C}=CH(C_6H_5) + SnCl_4$$

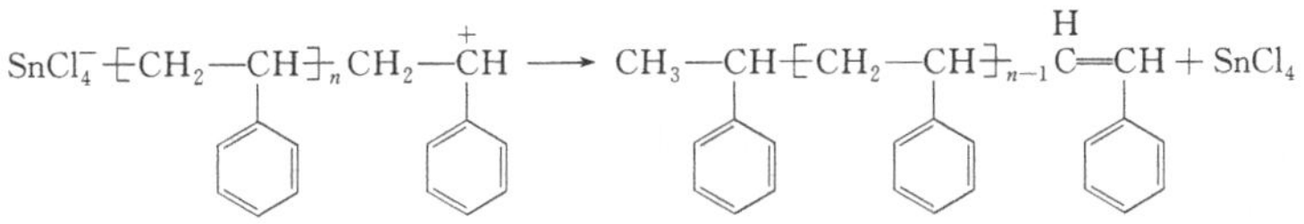

在这个反应中，聚合的初速度与苯乙烯浓度的平方及生成的 $SnCl_4$ 浓度成正比，聚合物的分子量与苯乙烯的浓度成正比，而与催化剂的浓度无关。反应很剧烈，必须使用溶剂。催化剂应逐渐加入，苯乙烯的浓度不应超过25%。

三、主要试剂与仪器

1. 试剂：苯乙烯、$SnCl_4$、CCl_4、甲醇或乙醇（工业）。
2. 仪器：恒温水浴装置、磁力搅拌器、球形冷凝管、滴液漏斗、三口烧瓶、真空烘箱、布氏漏斗。

四、实验步骤

在三口烧瓶中加入 100 mL 四氯化碳和 35 g 新蒸馏的苯乙烯，烧瓶放入水浴中，开动搅拌器。用滴管逐步加 $SnCl_4$ 0.8 g。催化剂加入后，经过一定时间的诱导期以后开始聚合。调节水浴温度，使反应温度稳定在 25 ℃ 下进行聚合，聚合反应进行 3 h 后，将聚合物溶液在大量甲醇溶液中进行沉淀，然后在布氏漏斗上进行分离。聚合物用醇洗涤多次，在真空烘箱内 60~70 ℃ 干燥后计算产率。

五、思考题

1. 实验前需要对原料作何处理？为什么？
2. 本实验对反应温度有何要求？

第二章 高分子化学前沿性实验

实验 20

原子转移自由基聚合制备聚苯乙烯

一、实验目的

1. 掌握从事高分子科学研究的基本实验技能。
2. 了解原子转移自由基聚合机理及实验方法。
3. 了解如何利用实验数据来判别是否为活性聚合。

二、实验原理

传统自由基聚合引发速率慢，链增长速率极快，自由基一经形成就会迅速与单体分子加成完成链增长反应。这一过程中存在大量高反应活性的链增长自由基（约 10^{-5} mol/L），极易发生不可逆的链终止和链转移反应，使得目标聚合物分子量分布较宽，且可能产生支化、交联等现象。原子转移自由基聚合（ATRP）是一种重要的"活性"/可控自由基聚合方法。它通过对聚合体系中大量的高反应活性的自由基可逆去活性化，避免了聚合反应中不可逆的链转移、链终止等反应，实现了对聚合过程的控制，由此获得具有精确可控分子量及窄分子量分布的聚合物。

常规 ATRP 使用烷基卤化物（R—X）作为引发剂，提供 R 端自由基供聚合物链生长；同时利用过渡金属配合物（金属存在两个易得的氧化价态，通常为 Cu）为卤原子 X 的载体，加入配体（Ln）以提高催化剂的溶解度，构成三元引发剂体系。烷基卤化物（R—X）单独较难裂成为自由基，但亚铜可以夺取其卤原子 X 使自由基 R· 游离出来，而自身变为高价铜（CuX_2）。自由基 R· 引发单体聚合成为增长自由基 P_n·，增长自由基 P_n· 又从高价卤化铜获得 X 而成为休眠种 P_n—X，活性种和休眠种之间构成动态可逆平衡。图 1 为 ATRP 的聚合机理。

ATRP 通过可逆的氧化还原反应，实现了增长链自由基和休眠自由基之间的快速平衡，进而降低增长链自由基浓度至合适的低浓度，避免了不可逆的链终止和链转移反应，而每一条高分子链又具有相同的链增长概率，从而实现了对聚合反应的控制。采用该技术

$$\text{ATRP链引发} \quad R-X + Cu^{I}Ln \rightleftharpoons R\cdot + X-Cu^{II}Ln$$

$$\downarrow M$$

$$RM-X + Cu^{I}Ln \rightleftharpoons RM\cdot + X-Cu^{II}Ln$$

$$\text{ATRP链增长} \quad P_n-X + Cu^{I}Ln \rightleftharpoons P_n\cdot + X-Cu^{II}Ln$$

$$\downarrow M$$

$$P_{n+1}-X + Cu^{I}Ln \rightleftharpoons P_{n+1}\cdot + X-Cu^{II}Ln$$

图 1　ATRP 的聚合机理

可以合成分子量达 10^5、分子量分布很窄的聚合物，且聚合物的分子量可通过单体与引发剂的投料比进行设计。

三、主要试剂与仪器

1. 试剂：苯乙烯、2-溴丁酸乙酯（引发剂）、溴化亚铜（催化剂）、五甲基二乙烯三胺（配体）、苯甲醚、甲醇、丙酮、醋酸、碱性氧化铝（100～200 目）、中性氧化铝（100～200 目）、0.22 μm 聚醚砜有机相滤膜、脱脂棉、真空硅脂。

2. 仪器：三口烧瓶、恒温油浴装置、搅拌磁子、橡胶塞、注射器、氮气包及简易导入装置、长针头、量筒、烧杯、锥形瓶、布氏漏斗、抽滤瓶、电子天平、凝胶渗透色谱仪、循环水真空泵、真空干燥箱。

四、实验步骤

1. 准备工作

① 苯乙烯单体纯化：取 10 mL 注射器，利用长针头在注射器底部塞入并压紧少量脱脂棉，向注射器中加入碱性氧化铝至 5 mL 刻度附近，即得到一根简易的碱性氧化铝柱。将 30 mL 的苯乙烯分批次加入碱性氧化铝柱中，过滤即可除去单体中的酚类阻聚剂。收集纯化后的苯乙烯单体，观察色谱柱顶层的颜色变化并分析原因。

② 溴化亚铜纯化：将溴化亚铜浸泡于 50% 的醋酸水溶液中，搅拌后静置，弃去上层清液。重复该操作 2～3 次直至上层液体变为无色，抽滤得到白色固体，经丙酮洗涤 2～3 次，在 50 ℃下真空干燥至恒重后保存。

2. 聚苯乙烯制备

① 在 100 mL 三口烧瓶中放入搅拌磁子，加入 2-溴丁酸乙酯（32 μL，0.043 g，0.218 mmol）、溴化亚铜（20 mg，0.218 mmol）、五甲基二乙烯三胺（90 μL，0.076 g，0.436 mmol）、苯乙烯（5 mL，43.6 mmol）和苯甲醚（5 mL）。在三口烧瓶上安装翻口橡胶塞，再插入氮气导入装置（针头置于液面下）并建立氮气通路，用高纯氮气鼓泡 30 min 以除去反应体系中存在的氧气。

② 撤除通氮气装置，用真空硅脂密封通气针眼。将反应瓶置于110 ℃恒温油浴中进行聚合反应，观察体系的颜色及黏度变化。

③ 在聚合进行1 h后，从反应体系中取样进行分析。取样过程中重新搭建氮气通路，在氮气气氛下用注射器及长针头从聚合体系中取约0.5 mL样品，完成后撤除氮气装置并用真空硅脂密封针孔。将取出的样品以5 mL苯甲醚稀释，经简易中性氧化铝柱过滤除去铜盐（操作与单体纯化步骤一致，仅将碱性氧化铝替换为中性氧化铝），观察色谱柱顶层的颜色变化并判断铜盐是否去除干净；得到滤液。

④ 聚合反应进行2.5 h后，撤除加热装置结束反应。从三口烧瓶中取约0.5 mL反应液，随后，在烧杯中加入150 mL甲醇，在搅拌条件下逐滴加入剩余反应液以沉淀聚合物。沉淀的聚合物经过布氏漏斗过滤、甲醇洗涤、干燥后称重。

五、结果分析

1. 将反应时间为1 h和2.5 h的滤液经0.22 μm聚醚砜有机相滤膜过滤后，用于凝胶渗透色谱（GPC）分析，测试聚合1 h和2.5 h后得到的样品的分子量以及分子量分布。

2. 使用重量法计算转化率。

3. 通过在不同时间点从聚合体系中取样分析，研究聚合物分子量随时间的变化关系，由此判断聚合过程是否符合ATRP的聚合机理。

六、注意事项

苯乙烯单体添加了微量的酚类阻聚剂以实现长时间保存，若不去除阻聚剂，增长链自由基会夺取酚羟基上的氢原子而终止，导致聚合失败。可通过单体纯化后色谱柱顶层颜色的变化，直接观察阻聚剂的去除过程并判断去除效果。

七、思考题

1. ATRP反应的特征是什么？
2. 实验过程中，哪些操作会影响最终产率？

实验 21

可逆加成-断裂转移法制备甲基丙烯酸甲酯-苯乙烯嵌段聚合物

一、实验目的

1. 学习共聚物合成新方法。
2. 掌握可逆加成-断裂转移聚合法。

二、实验原理

在传统的自由基聚合体系中,链转移反应不可逆,导致聚合物聚合度降低,无法控制。如果加入链转移常数大的特种链转移剂,如双硫酯,增长自由基与该链转移剂进行蜕变转移,就可能实现活性自由基聚合。可逆加成-断裂转移(RAFT)是一种在体系中加入链转移试剂,在聚合中它与增长链自由基 $P_n \cdot$ 形成休眠中间体,限制了增长链自由基之间的不可逆双基终止副反应,使聚合反应得以有效控制的聚合方法,其聚合机理如图1所示。

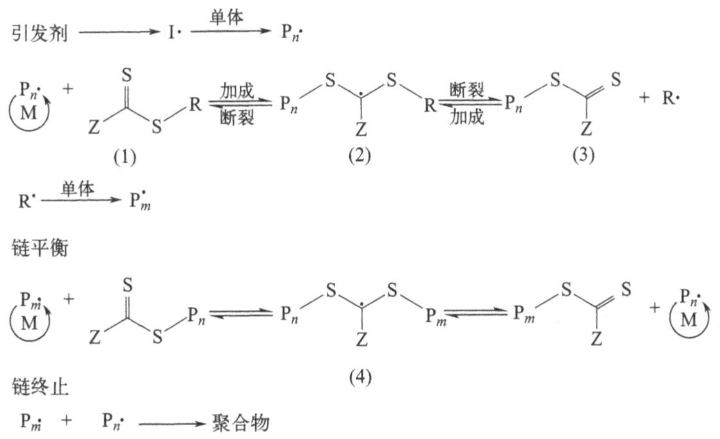

图 1 可逆加成-断裂转移聚合机理

由引发剂分解产生的初级自由基与单体反应后形成增长自由基 $P_n \cdot$,增长自由基与 RAFT 试剂 1 中的碳硫双键发生可逆加成反应,加成产物双硫酯自由基中 S—R 键断裂,形成新的活性种 $R \cdot$,再引发单体聚合,如此循环,使聚合进行下去。这些过程都是可逆的,从而可以控制聚合体系中增长自由基浓度。

三、主要试剂与仪器

1. 试剂:甲基丙烯酸甲酯(MMA)、二硫代苯甲酸异丁腈酯、苯乙烯、氯化钙、偶氮二异丁腈(AIBN)、甲苯、氩气、乙醇、四氢呋喃、无水乙醚、二苯甲酮、钠、甲醇。
2. 仪器:电子天平、恒温水浴锅、圆底烧瓶、三口烧瓶、循环水真空泵、搅拌器、旋转蒸发仪、烧杯、抽滤装置。

四、实验步骤

1. 原料处理

甲基丙烯酸甲酯、苯乙烯分别加入圆底烧瓶中,再加入氯化钙干燥 12 h,使用旋转蒸发仪进行旋蒸处理。将乙醇加热,再缓慢加入 AIBN,待溶解完成后趁热抽滤,滤液转入烧杯中自然冷却结晶得到 AIBN 重结晶产物。将四氢呋喃、无水乙醚分别装入圆底烧瓶中,加入钠和二苯甲酮,进行蒸馏,待溶液呈紫色时蒸出。

2. 聚甲基丙烯酸甲酯大分子 RAFT 试剂的制备和后处理

取 40 g 甲基丙烯酸甲酯、0.1776 g 二硫代苯甲酸异丁腈酯、0.0329 g 偶氮二异丁腈和 20 g 甲苯加入三口烧瓶中，先通氩气排氧 2 h。再将三口烧瓶放入 70 ℃ 恒温水浴中，搅拌反应 12 h 后，产物用甲醇沉淀，以除去未反应单体。抽滤得到聚甲基丙烯酸甲酯（PMMA）大分子 RAFT 试剂，并在室温、真空条件下除去残余甲醇。

3. 甲基丙烯酸甲酯-苯乙烯嵌段聚合物的制备和后处理

将 25 g 苯乙烯、23.75 g PMMA 大分子 RAFT 试剂、0.0278 g 偶氮二异丁腈和 12.5 g 甲苯加入三口烧瓶中，通氩气排氧 2 h。再将三口烧瓶放入 70 ℃ 恒温水浴中，搅拌反应 24 h 后，产物用甲醇沉淀，以除去未反应单体。抽滤得到甲基丙烯酸甲酯-苯乙烯嵌段聚合物，并在室温、真空条件下除去残余甲醇，称重计算产率。

五、注意事项

1. 反应过程中搅拌速率控制适中。
2. 反应时，控制温度不要超过 70 ℃。
3. 反应、旋蒸所涉及器皿都应干燥。

六、思考题

1. 本实验为什么选用甲醇除去未反应的单体？
2. RAFT 和 ATRP 都是活性聚合，有哪些相同点和不同点？

实验 22

固相有机合成技术制备多肽及其结构表征

一、实验目的

1. 通过固相有机合成技术合成特定序列的多肽。
2. 掌握多肽常规的表征方法。
3. 了解多肽的基本用途。

二、实验原理

多肽是一种由 α-氨基酸通过肽键连接而成的化合物，根据氨基酸的数目又可分为寡肽（小分子肽）与狭义上的多肽。多肽合成研究已经走过了一百多年的光辉历程。1902 年，Emil Fischer 首先开始关注多肽合成。由于当时在多肽合成方面的知识太少，进展也相当缓慢，直到 1932 年，Max Bergmann 等开始使用苄氧羰基（Z）来保护 α-氨基，多肽合成才开始有了一定的发展。到了 20 世纪 50 年代，有机化学家们合成了大量的生物活性多肽，包括催产素、胰岛素等，同时在多肽合成方法以及氨基酸保护基方面也取得了不少成绩。这为后来的固相合成方法的出现提供了实验和理论基础。

1963 年，Merrifield 经过反复筛选，最终摒弃了苄氧羰基（Z）在固相上的使用，首先将叔丁氧羰基（BOC）用于保护 α-氨基并在固相多肽合成上使用，提出了固相多肽合成方法（SPPS）。这个在多肽化学上具有里程碑意义的合成方法，一出现就由于其合成方便，迅速成为多肽合成的首选方法，而且带来了多肽有机合成上的一次革命，并成为一个重要研究方向——固相有机合成（SPOS）。Merrifield 也因此荣获了 1984 年的诺贝尔化学奖。同时，Merrifield 在 20 世纪 60 年代末发明了第一台多肽合成仪，并首次合成生物蛋白酶、核糖核酸酶（124 个氨基酸）。

1972 年，Lou Carpino 首先将 9-芴甲氧羰基（Fmoc）用于保护 α-氨基，其在碱性条件下可以迅速脱除，10 min 就可以反应完全。而且由于其反应条件温和，迅速得到广泛使用。以 BOC 和 Fmoc 这两种方法为基础的各种肽自动合成仪也相继出现和发展，并仍在不断得到改进和完善。同时，固相合成树脂、多肽缩合试剂以及氨基酸保护基，包括合成环肽的氨基酸正交保护也取得了丰硕的成果。

为了合成具有特定序列多肽分子链段，引入了多肽固相合成法。这种技术是利用一种固相载体，将氨基酸一个一个地通过羧基与氨基的酰胺化反应连接成一个具有特定序列的多肽分子（图 1）。本实验将要合成 Fmoc-FF-COOH。

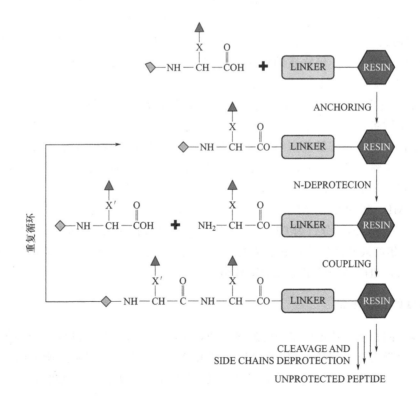

图 1 多肽固相有机合成

三、主要试剂与仪器

1. 试剂：氨基被 N-9-芴甲氧羰基保护的 L 型氨基酸（Fmoc-Phe-OH）、2-氯三苯甲基氯树脂（100~200 目，取代度 1.08 mmol/g）、1-羟基苯并三氮唑（HOBt）、苯并三氮唑-N,N,N',N'-四甲基脲六氟磷酸盐（HBTU）、哌啶、三异丙基硅烷（TIS）、三氟乙酸（TFA）、二异丙基乙胺（DIEA）、N,N-二甲基甲酰胺（DMF）、甲醇、二氯甲烷（DCM）、乙醚、茚三酮等。

2. 仪器：多肽固相合成柱、磁力搅拌器、水泵、真空干燥箱、基质辅助激光解吸飞行时间质谱仪、高效液相色谱仪。

四、实验步骤

1. 多肽的制备

① 称取一定质量和取代度的 2-氯三苯甲基氯树脂于多肽固相合成柱中，分别用 DCM 和 DMF 洗涤树脂，待排出溶剂后，加入一定量的 DMF 浸泡树脂，最后排出溶剂 DMF。

② 向合成柱中加入树脂取代度 3 倍物质的量的 Fmoc-Phe-OH 以及 10 倍物质的量的 DIEA 的 DMF 溶液，室温下搅拌反应，使氨基酸 Fmoc-Phe-OH 充分固定在树脂上。排出反应液，并用 DMF 洗涤。

③ 加入一定量的体积分数 20%哌啶/DMF 溶液，反应 30 min（2×15 min），以脱除 Phe 的氨基端的 Fmoc 保护基，并用溶剂洗涤，除去切落剂。

④ 称取树脂取代度 2 倍物质的量的 Fmoc-Phe-OH 于 50 mL 离心管中，用 DMF 溶解，加入树脂取代度 2.4 倍物质的量的活化剂（HOBt、HBTU）以及 6~10 倍物质的量的 DIEA。在室温下搅拌反应 2h，让 Fmoc-Phe-OH 反应完全。

⑤ 用溶剂洗涤树脂，除去过量氨基酸以及缩合剂等，取少量树脂用茚三酮检验缩合是否完成（将树脂置于 10 mg/mL 的茚三酮/甲醇溶液中煮沸数分钟，如果树脂或溶液变蓝，表明缩合不完全，需要重新缩合。如果溶液和树脂都无变蓝迹象，表明本次缩合完成，继续下一步骤）。Fmoc-Phe-OH 充分接到暴露有 NH_2 的树脂上。（如果多肽序列中氨基酸残基数超过了 2 个，那么需要重复 3~5 的步骤延长肽链。）

⑥ 用 DMF、甲醇和 DCM 分别洗涤树脂数次，真空干燥过夜。

⑦ 加入 20 mL 体积分数为 95% 的 TFA、2.5% 的 TIS 和 2.5% 的 H_2O 切落剂，反应 1.5 小时，收集滤液及洗涤液，旋蒸浓缩后滴加到冷乙醚中得到白色沉淀，抽滤洗涤得到白色固体粉末，粗产品经低温冷冻干燥待用。

2. 多肽的结构表征

利用多肽固相合成技术所得到的最终产物，需要对其分子量、纯度进行表征。利用基质辅助激光解吸飞行时间质谱仪（MALDI-TOF-MS）来表征分子量，所得的分子量数据应该与理论分子量相符，利用高效液相色谱仪（HPLC）来表征产物纯度等。

五、思考题

1. 简述固相有机合成法制备多肽的优点。

2. 在多肽制备过程中，如何判定树脂上的氨基组分完全反应？
3. 简述多肽材料的主要用途。

实验 23

氧化自聚合法制备含金属离子的聚多巴胺纳米粒子

一、实验目的

1. 掌握聚多巴胺/金属离子复合纳米材料的制备方法。
2. 熟悉高分子纳米材料的各种表征方法，如扫描电子显微镜、X 射线光电子能谱、电感耦合等离子体质谱等。

二、实验原理

黑色素由于其独特的结构，具有优异的抗紫外线功能，并能螯合金属、清除自由基，甚至能调节温度。聚多巴胺（PDA）也是天然黑色素的主要色素，在光学、电学和磁性方面有天然黑色素的许多特性，也具有良好的生物相容性。多巴胺（dopamine，DA，图 1）的聚合过程涉及一系列复杂的途径，包括邻苯二酚氧化、重排、化学交联、物理 π-π 堆积和阳离子-π 相互作用，其中许多机制尚不完全为人所知。PDA 的化学结构中含多种儿茶酚、胺和亚胺等官能团。这些官能团既可作

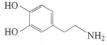

图 1　多巴胺结构式

为分子共价修饰的起点，又可作为过渡金属离子加载的锚点。在碱性条件下 PDA 对金属离子具有强大的还原能力，能促进各种杂化材料的出现。PDA 是一种多功能的新型仿生材料，具有良好的生物相容性、优异的光热转换性能和黏附性、高化学反应性和多重药物释放响应机制等天然优势。自聚合反应不仅可以形成 PDA 纳米粒子，还提供了一种简单而通用的材料表面功能化方法，能够在各种无机和有机材料表面生成薄膜涂层，从而可以获得多种多功能纳米粒子。

目前制备 PDA 的方法主要有电聚合法、酶氧化法和溶液氧化法，其中溶液氧化法因其反应条件简单、成本低廉、易于放大制备而应用最为广泛，其反应为多巴胺单体在 pH $>$7.5 的碱性溶液中自发氧化聚合，溶液颜色由无色变为深棕色。

三、主要试剂与仪器

1. 试剂：盐酸多巴胺、三羟甲基氨基甲烷、氢氧化钠、氯化铁、去离子水。
2. 仪器：加热磁力搅拌器、电热真空干燥箱、电子天平、高速离心机、冷冻干燥机、单口烧瓶、导电胶、扫描电子显微镜、X 射线光电子能谱仪、电感耦合等离子体质谱仪。

四、实验步骤

1. 后掺杂法制备含铁离子的聚多巴胺纳米材料

首先，配制 1 mol/L 的 NaOH 溶液。然后在 100 mL 的单口烧瓶中加入 90 mg 的盐酸多巴胺和 45 mL 的去离子水，室温下磁力搅拌 10 min 使盐酸多巴胺完全溶解。在上述溶液中加入 0.38 mL 已配好的 NaOH 溶液，继续搅拌 2 h。以 15000 r/min 的转速离心反应产物 20 min，并用去离子水洗三次，去除杂质，得到聚多巴胺纳米粒子。聚多巴胺纳米粒子置于真空干燥箱中烘干备用。

称量 10 mg 的聚多巴胺纳米粒子，分散在 10 mL 的去离子水中，再加入 1 mg/mL 的氯化铁溶液 1 mL，室温磁力搅拌 24 h。以 15000 r/min 的转速离心反应产物 20 min，并用去离子水洗三次，去除杂质，得到掺杂铁离子的聚多巴胺纳米材料，冷冻干燥，备用。

2. 预掺杂法制备含铁离子的聚多巴胺纳米材料

将 20 mg 的盐酸多巴胺溶解在 10 mL 的去离子水中，然后加入 2 mg/mL 的氯化铁溶液 1 mL，磁力搅拌。用三羟甲基氨基甲烷溶液调节上述溶液的 pH 约为 9，继续反应 24 h。以 15000 r/min 的转速离心反应产物 20 min，并用去离子水洗三次，去除杂质，得到掺杂铁离子的聚多巴胺纳米材料。冷冻干燥，备用。

3. 分析表征

将上述制备的掺杂铁的聚多巴胺纳米材料黏在导电胶上，通过扫描电子显微镜（SEM）观察材料的微观形貌。通过 X 射线光电子能谱技术（XPS）分析铁的价态，通过电感耦合等离子体质谱（ICP-MS）测定材料中铁的含量。

五、思考题

1. 聚多巴胺为何可以吸附金属离子？
2. 两种掺杂铁离子的聚多巴胺的制备方法中，哪一种方法得到的铁离子掺杂量更高？

实验 24

点击化学法制备聚乙烯醇水凝胶

一、实验目的

1. 掌握点击化学的基本原理。
2. 掌握一种水凝胶的制备方法。

二、实验原理

点击化学反应是用来描述选择性的、模块化的、大范围的和高产的化学反应，这些化学反应允许通过杂原子连接（C—X—C）快速合成新的化合物。点击化学中常见的反应结构有叠氮化物、二苯并环辛炔（DBCO）、双环［6,1,0］壬炔（BCN）、反式环辛烯（TCO）和四嗪。点击化学反应可分为三类：①铜（I）催化叠氮-端炔环加成（CuAAC）（图1）；②菌株促进的炔叠氮环加成（SPAAC）；③逆电子需求的狄尔斯-阿尔德反应（inverse electron demand Diels-Alder reaction，IEDDA）。

CuAAC是点击化学的标志性反应，端炔官能团和叠氮官能团能够在一价铜催化剂的催化下发生一种环加成反应，得到一类具有1,4取代的1,2,3-三氮唑结构的化合物（如图1所示）。首先，发生CuAAC反应的两种官能团在大自然中极为罕见，但它们却同时在动力学上具有相当高的化学稳定性，甚至分别作为药效官能团出现。端炔基团出现在常用的口服避孕药物炔雌醇中，叠氮基团还是第一种抗艾滋病药物齐夫多定的重要药效官能团。即便它们拥有如此高的稳定性，但是只要碰到一价铜催化，两个官能团将立即发生反应，哪怕是在底物浓度很低的情况下，或在各种不同的有机溶剂，甚至是水相或复杂的细胞液成分中，都能高效反应且反应趋势极高。

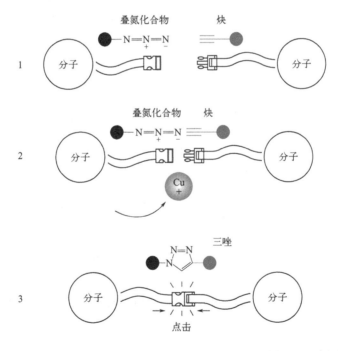

图1　铜（I）催化叠氮-端炔环加成反应

点击化学反应具有很高的产率，作为起始原料的小分子结构简单，几乎不发生副反应，实验操作简便，无需层析一类的精制流程，能够在水中进行反应。点击化学是目前最为有用和引人注目的合成理念之一，极大地促进了材料化学、化学生物学、药物化学、超分子化学等领域的发展。

三、主要试剂与仪器

1. 试剂：聚乙烯醇（PVA）、N,N-二羰基二咪唑（CDI）、二甲亚砜（DMSO）、甲苯、氩气、浓氨水、去离子水、聚乙二醇、乙醇、吡啶、甲磺酰氯、碳酸氢钠、硫酸钠、二氯甲烷、乙醚、五水硫酸铜、抗坏血酸。

2. 仪器：磁力搅拌器、旋转蒸发仪、循环水真空泵、电子天平、迪安-斯达克榻分水器、分液漏斗、抽滤漏斗。

四、实验步骤

1. 炔烃修饰的聚乙烯醇的制备

PVA（500 mg，11.25 mmol 的羟基）溶解于 10 mL 干燥的 DMSO，然后在溶液中加入一定量的干燥甲苯。反应开始前使用迪安-斯达克榻分水器（Dean-Stark trap）共沸蒸馏。室温氩气保护下，将 CDI（913 mg，5.63 mmol）加入磁力搅拌的 PVA 溶液。反应 3 h 后，将相应的胺（0.225～1.125 mmol）的 DMSO 溶液（1 mL）加入上述溶液。氩气气氛下，室温继续搅拌 20 h。之后，加入 5 mL 浓氨水，继续搅拌 1 h。随后，用 60 mL 去离子水稀释，过滤直到清澈，通过旋转蒸发仪浓缩到大约 10 mL。加入 10 倍过量的乙醚和乙醇混合溶液（80∶20），从 DMSO 中沉淀得到取代的聚合物。反应方程式如图 2 所示。

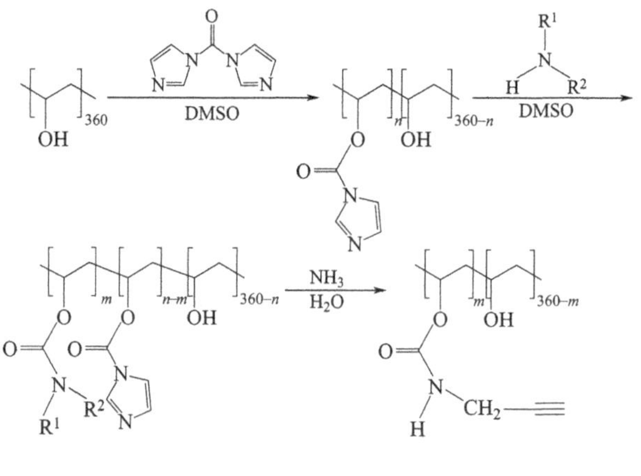

图 2　炔烃修饰的 PVA 的制备

2. 叠氮修饰的聚乙二醇的制备

分子量 2000 的聚乙二醇（1 mmol）用干燥吡啶共蒸发干燥，溶解在 8.5 mL 的吡啶中。吡啶溶液冷却到 0 ℃，溶解在 4 mL 干燥二氯甲烷的甲磺酰氯（0.39 mL，5 mmoL）在 0 ℃ 下逐滴加入吡啶溶液。反应加热到室温，搅拌过夜。通过旋蒸去除溶剂。残余物加入饱和的 $NaHCO_3$ 水溶液，用 CH_2Cl_2 萃取，有机相用 Na_2SO_4 干燥。产物加入乙醚沉淀。反应方程式如图 3 所示。

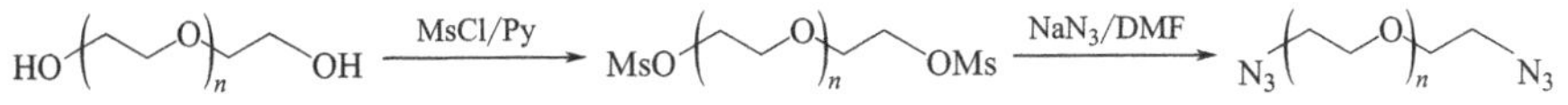

图 3 叠氮修饰的聚乙二醇的制备

3. 水凝胶制备

等量的炔烃和叠氮的上述材料溶解在 350 μL 的 DMSO 中，加入新配的抗坏血酸溶液（50 μL，0.3 mol/L），接着加入五水硫酸铜溶液（100 μL，30 mmol/L）。水凝胶在加入硫酸铜后立即或者 1 h 内形成。继续摇动混合物 24 h，获得均匀的固体水凝胶。反应方程式如图 4 所示。

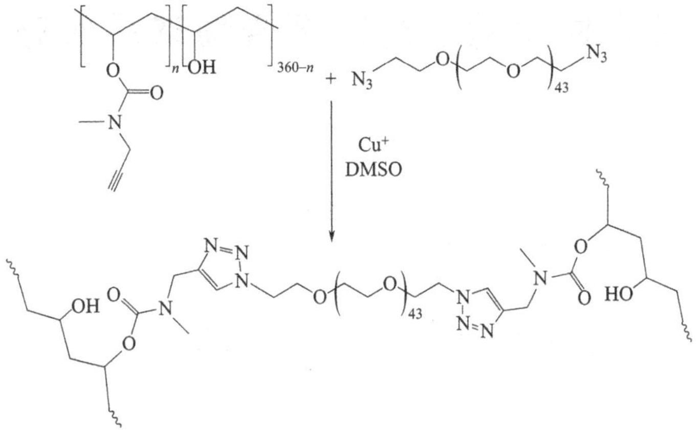

图 4 炔烃修饰的 PVA 和叠氮修饰的 PEG 点击反应

4. 水凝胶在水中溶胀平衡

制备的水凝胶在去离子水中溶胀 48 h，萃取出未结合的网络碎片（即溶胶部分）和催化剂。将得到的凝胶冷冻干燥，测定质量 W_p，则溶胶的质量等于聚合物初始质量减去凝胶质量，即 $W_{sol}=W_0-W_p$。干燥的凝胶再在水溶液中溶胀 24 h，于空气中测定质量。

五、思考题

1. 点击化学在聚合物合成中有哪些优点？
2. 制备的水凝胶若不进行除杂，则对测定水凝胶的溶胀性能有何影响？

第三章
高聚物的结构与性质分析实验

实验 25
偏光显微镜法观察聚合物球晶形态

一、实验目的

1. 了解偏光显微镜的结构和原理。
2. 掌握偏光显微镜的使用方法。
3. 用偏光显微镜观测不同结晶温度下得到的球晶的大小和形态。

二、实验原理

结晶聚合物的性能与其结晶形态密切相关，研究聚合物的结晶形态具有重要的理论和实际意义。聚合物在不同条件下形成不同的结晶，比如单晶、球晶、树枝晶、纤维晶等。当结晶聚合物在不存在应力和流动的情况下，由熔融冷却或从浓溶液中析出结晶时，一般形成球形外观的晶体，称为球晶。球晶是聚合物最常见的结晶形态。

球晶成长初始以一个多层片晶为核，逐渐向外张开生长，在结晶缺陷点不断发生分叉并在生长时发生弯曲和扭转，最终形成以晶核为中心，三维向外发散的球形晶体（图1）。实验证明：球晶分子链垂直于球晶半径。球晶可以长得比较大，直径甚至可以达到厘米数量级。球晶是从一个晶核在三维方向上一齐向外生长而形成的径向对称的结构。由于是各向异性的，会产生双折射，因此用普通的偏光显微镜就可以对球晶进行观察。聚合物球晶在偏光显微镜的正交偏振片之间呈现出特有的黑十字消光条纹（图2）。

用偏光显微镜研究聚合物的结晶形态是目前实验室中较为简便且实用的方法。光是电磁波，传播方向与振动方向垂直。对于自然光来说，它的振动方向均匀分布，没有任何方向占优势。但是自然光通过反射、折射或选择吸收后，可以转变为只在一个方向上振动的光波，即偏振光。一束自然光经过两片偏振片，如果两个偏振轴相互垂直，光线就无法通过了。光波在各向异性介质中传播时，其传播速度随振动方向不同而变化，折射率值也随之改变，一般都发生双折射，分解成振动方向相互垂直、传播速度不同、折射率不同的两条偏振光。而这两束偏振光通过第二个偏振片时，只有与第二偏振轴平行方向的光线可以通过，而且通过的两束光由于光程差还会发生干涉现象。

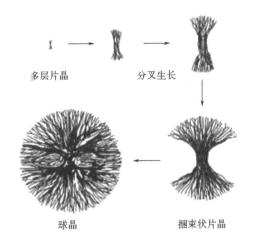 

图 1　球晶生长过程　　　　　　　图 2　球晶在偏光显微镜下呈现的黑十字消光条纹

在正交偏光显微镜下观察，非晶聚合物因其各向同性，没有发生双折射现象，光线被正交的偏振镜阻碍，视场黑暗。而球晶具有光学各向异性，在分子链平行于起偏器或检偏镜的方向上将产生消光现象，呈现出特有的黑十字消光现象。在某些情况下，在偏光显微镜下观察到的球晶形态不是球状，而是一些不规则的多边形。这是由于许多球晶以各自任意位置的晶核为中心，不断向外生长，当增长的球晶和周围相邻球晶相接触时，就形成任意形状的多面体。体系中晶核越少，球晶碰撞的机会越小，球晶就长得越大；反之，则球晶长不大。

在偏振光条件下，还可以观察晶体的形态，测定晶粒大小和研究晶体的多色性等。偏光显微镜的放大倍数可达 1000 倍，能进行微米尺度的观察，与电子显微镜、X 射线衍射法结合可提供较全面的晶体结构信息。

三、主要试剂与仪器

1. 试剂：聚丙烯粒料。
2. 仪器：偏光显微镜（图 3）、载玻片、擦镜纸、镊子。

四、实验步骤

1. 准备

启动电脑，打开显微镜摄像程序。

2. 显微镜调整

① 预先打开汞弧灯 10 min，以获得稳定的光强，插入单色滤波片。
② 去掉显微镜目镜，起偏片和检偏片呈 90°，边观察显微镜筒，边调节灯和反光镜的位置，如需要，可调整检偏片以获得完全消光（视野尽可能暗）。

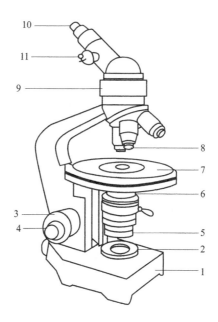

图 3 偏光显微镜结构示意图

1—仪器底座；2—视场光阑（内照明灯泡）；3—粗调手轮；4—微调手轮；5—起偏器；6—聚光镜；
7—旋转工作台（载物台）；8—物镜；9—偏振器；10—目镜；11—勃氏镜调节手轮

3. 聚丙烯的结晶形态观察

① 将载玻片放在 260 ℃ 的电炉上恒温。

② 将聚丙烯粒料放于干净的载玻片上。

③ 待颗粒熔融后，以 45°斜角盖上另一片载玻片，加压成膜；然后迅速转移到 50 ℃ 的热台上使其结晶，在偏光显微镜下观察球晶体，观察黑十字消光及干涉色。

④ 调至在屏幕上观察到清晰球晶体，保存图像，把同样的样品在熔融后于不同温度条件下结晶，分别在电脑上保存清晰的图案。

4. 测定聚合物球晶大小

聚合物晶体薄片放在正交显微镜下观察，用显微镜目镜分度尺测量球晶直径，测定步骤如下：

① 将带有分度尺的目镜插入镜筒内，将载物台显微尺置于载物台上，使视区内同时见两尺。

② 调节焦距使两尺平行排列，刻度清楚。并使两零点相互重合，即可算出目镜分度尺的值。

③ 取走载物台显微尺，将待测样品置于载物台视域中心，观察并记录晶形，读出球晶在目镜分度尺上对应的刻度，算出球晶直径大小。

5. 球晶生长速度的测定

① 将聚丙烯样品在 200 ℃ 下熔融，然后迅速放在 25 ℃ 的热台上，每隔 10min 把球晶

的形态保存下来,到球晶的大小不再变化为止。

② 对照照片,测量出不同时间球晶的大小,用球晶半径对时间作图,得到球晶生长速度。

6. 测定在不同温度下结晶的聚丙烯晶体的熔点

① 预先把电热板调节到 200 ℃,使聚丙烯充分熔融,然后分别在 20 ℃、25 ℃、30 ℃下结晶。

② 每个结晶样品置于偏光显微镜的热台上加热,观察黑十字开始消失的温度、消失一半的温度和全部消失的温度,记下这三个熔融温度。

③ 实验完毕,关掉热台的电源,从显微镜上取下热台。关闭汞弧灯。

五、数据记录与处理

1. 记录样品的熔融温度、熔融时间、结晶温度、结晶时间。
2. 根据物镜和目镜的放大倍数,计算总的放大倍数。
3. 记录观察到的现象,并估算球晶的直径。

六、思考题

1. 解释聚合物球晶在正交偏光系统下黑十字消光及消光环成因。
2. 聚合物结晶过程有何特点?形态特征如何(包括球晶大小和分布、球晶的边界、球晶的颜色等)?
3. 球晶大小与结晶温度有什么关系?

实验 26

扫描电子显微镜观察聚合物的形貌

一、实验目的

1. 了解扫描电子显微镜(SEM)的工作原理。
2. 掌握扫描电子显微镜的基本操作方法。

二、实验原理

扫描电子显微镜(简称扫描电镜)是一种多功能的电子显微分析仪器。配置相应的检测器,扫描电镜能接收和分析电子与样品相互作用后产生的多种信息,如背散射电子、二次电子、特征 X 射线、俄歇电子等。因此,它不但可以用于物体形貌的观察,而且可以进行微区成分分析。扫描电镜还具有分辨率高、制样方便、成像立体感强和视场大等优点,因而在科研和工业领域得到了广泛的应用。

扫描电镜对样品的厚度无苛刻要求。导体样品一般不需任何处理就可以进行观察,聚合物样品也只需在表面真空镀金后即可进行观察。扫描电镜目前主要用于研究聚合物的自由表面和断面结构。例如观察聚合物的粒度、表面和断面的形貌与结构，增强高分子材料中填料在聚合物中的分布、形状及黏结情况等。

扫描电镜主要通过探测二次电子和背散射电子来分析样品的形貌信息和成分信息。二次电子是入射到样品内的电子在透射和散射过程中，与原子的外层电子进行能量交换后，被轰击射出的次级电子，它是从试样表面很薄的一层（约5nm的区域内）激发出来的。二次电子的产额与样品表面的倾角有关，可用来研究样品的表面形貌。

背散射电子是入射电子与试样原子的原子核连续碰撞、发生多次弹性散射后重新从试样表面逸出的电子。由于背散射电子主要从试样表面 $0.1 \sim 1\ \mu m$ 深度范围发出，侧向扩展较大，其分辨率较低。在一定的加速电压下，由于背散射电子产额随试样原子序数的增加而增加，背散射电子信号不仅可以分析试样形貌特征，而且可以显示试样化学组分特征，在一定的范围内粗略进行定性分析试样表面的化学成分分布情况。

扫描电镜的结构如图1所示。带有一定能量的电子，经过第一、第二两个电磁透镜会聚，再经末级透镜（物镜）聚焦，成为一束很细的电子束（称为电子探针或一次电子）。在第二聚光镜和物镜之间有一组扫描线圈，控制电子探针在试样表面进行扫描，引起一系列的二次电子发射。这些二次电子信号被探测器依次接收，经信号放大处理系统（视频放大器）输入显像管的控制栅极上调制显像管的亮度。由于显像管的偏转线圈和镜筒中的扫描线圈的扫描电流由同一扫描发生器严格控制同步，所以在显像管的屏幕上就可以得到与样品表面形貌相应的图像。

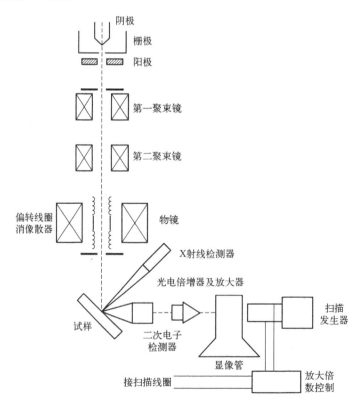

图 1　扫描电子显微镜结构图

三、主要试剂与仪器

1. 试剂：碳纤维环氧树脂复合材料。
2. 仪器：日立 TM4000 台式显微镜（图 2）。

图 2　日立 TM4000 台式显微镜

四、实验步骤

1. 样品的制备

① 试样需在真空中能保持稳定，含有水分的试样应先烘干除去水分。表面受到污染的试样，要在不破坏试样表面结构的前提下进行适当清洗，然后烘干。有些试样的表面、断口需要进行适当的侵蚀，才能暴露某些结构细节，则在侵蚀后应将表面或断口清洗干净，然后烘干。

② 扫描电镜的样品可以是断口、块体、粉体等。对于不导电的样品需在样品表面蒸镀一层导电膜（通常为金、铂或碳）后进行观察。本仪器可观察最大直径为 80 mm、厚度为 50 mm 的样品。碳纤维环氧树脂复合材料为导电材料，无须进行喷金处理。

2. 样品的观察

① 接通电源，开启扫描电镜控制开关。打开电脑，启动桌面上的 TM4000 软件。

② 放气，将待测样品放在样品台上。手动旋转 X、Y 轴，使样品台到达十字线标记位，再慢慢推回样品仓。

③ 再次放气，真空度达到要求后，选择加速电压（5 kV、10 kV 或 15 kV）及电流（Mode 1、Mode 2、Mode 3 或 Mode 4），选择真空模式（H、M 或 L）点击软件的"start"按钮，软件自动加高压并进行自动聚焦、自动亮度/对比度调整，放大倍数自动变为 100 倍。

④ 选择"fast"扫描模式，通过 X、Y 旋钮移动位置，选择合适的放大倍数。拍摄低

倍照片时，使用 AUTO 进行自动对焦及自动亮度对比度完成调节。若要进行高倍拍摄，在自动的基础上选择"reduce"扫描模式。

⑤ 选择"slow"扫描模式确认图像，按"save"保存图像。如果要测量距离、角度等，保持"freeze"模式，选择"Edit-Date Entry/Measurement"，在弹出的小窗口图像中的工具栏选择对应的功能键，进行测量。

五、数据记录与处理

观察并拍摄样品放大不同倍数的图像，描述该样品的表面形貌。

六、思考题

1. 扫描电镜与透射电镜在仪器构造、成像机理及用途上有什么不同？
2. 用于扫描电镜观察的样品为什么表面通常要进行喷金处理？

实验 27

红外光谱法研究聚合物的结构

一、实验目的

1. 了解红外光谱分析法的基本原理。
2. 初步掌握红外光谱试样的制备和红外光谱仪的使用。
3. 初步学会查阅红外光谱图和剖析、定性分析聚合物。

二、实验原理

红外光谱是研究聚合物结构与性能关系的基本手段之一，广泛用于高聚物材料的定性定量分析，如分析聚合物的主链结构、取代基位置、双键位置以及顺反异构，测定聚合物的结晶度、极化度、取向度，研究聚合物的相转变，分析共聚物的组成和序列分布等。红外光谱分析具有速度快、试样用量少，并能分析各种状态的试样等特点。总之，凡微观结构上发生变化，在图谱上能得到反映的，都可以用红外光谱来研究。

按照量子学说，当分子从一个量子态跃迁到另一个量子态时，就要发射或吸收电磁波，两个量子状态间的能量差 ΔE 与发射或吸收光的频率 ν 之间存在如下关系。

$$\Delta E = h\nu$$

式中，h 为普朗克（Planck）常数，等于 $6.626 \times 10^{-34} \text{J} \cdot \text{s}$。

红外光谱的波长在 $0.78 \sim 1000 \mu m$ 之间。因为红外光量子的能量较小，当物质吸收红外区的光量子后，只能引起原子的振动和转动能级的跃迁，不会引起电子的跃迁，因此不会破坏化学键，所以红外光谱又称振动转动光谱，通常测量的是红外吸收光谱。

当分子中原子的位置处在相互作用平衡态时，位能最低；当位置略微改变时，就有一个回复力使原子回到原来的平衡位置。结果像简谐振子或摆一样做周期性的运动,即产生振动。分子的振动相当于键合原子的键长或键角的周期性改变。共价键有方向性,因此键角改变也有回复力。

按照振动时键长和键角的改变,相应的振动形式有伸缩振动和弯曲振动,对于具体的基团与分子振动,其形式、名称则多种多样。对应于每种振动方式有一种振动频率,振动频率的大小一般用"波数"来表示,单位是 cm^{-1} (注意:波数不等于频率。波数 $k=1/\lambda$; 频率 $\nu=c/\lambda$; c 是光速, $c=2.9979\times10^8$ m/s)。

当多原子分子获得足够的激发能量时,分子运动的情况非常复杂。所有原子核彼此做相对振动,因此振动频率组很多。振动频率与分子中存在的一定基团有关,键能不同,吸收振动能也不同。因此,每种基团、每种化学键都有特殊的吸收频率组,犹如人的指纹一样。所以可以利用红外吸收光谱鉴别出分子中存在的基团、分子结构、双键的位置、顺反异构,以及是否结晶等结构特征。如图 1 所示。

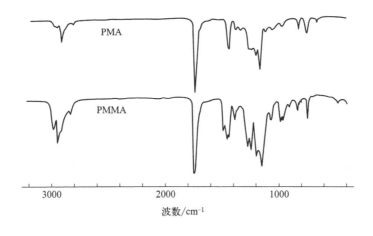

图 1　PMA 及 PMMA 的红外光谱图

现代的红外光谱仪主要为傅里叶变换红外光谱仪 (FT-IR),由红外光源、分束器、干涉仪、样品池、检测器、计算机数据处理系统、记录系统等组成(图 2),是干涉型红外光谱仪的典型代表。其核心部件为迈克尔逊干涉仪。光源发出的光在迈克尔逊干涉仪被分束器分为两束,经透射或反射分别到达定镜和动镜。两束光分别经定镜和动镜反射再回到分束器,动镜以一定速率做直线运动,因而经分束器分束后的两束光可形成光程差,产生干涉。干涉光在分束器会合后通过样品,含有样品信息的干涉光到达检测器,然后通过傅里叶变换对信号进行处理,即可得到透过率或吸光度随波数或波长变化的红外吸收光谱图。

傅里叶变换红外光谱仪为测定不同范围的光谱而设置了多个光源。通常用的是钨丝灯或碘钨灯(近红外)、硅碳棒(中红外)、高压汞灯及氧化钍灯(远红外)。检测器可用热电偶或半导体检测器,检测信号通过计算机处理输出。傅里叶变换红外光谱仪克服了传统色散型光谱仪分辨能力低、光能量输出小、光谱范围窄、测量时间长等缺点。它不仅可以测量各种气体、固体、液体样品的吸收、反射光谱等,而且可用于短时间化学反应测量。

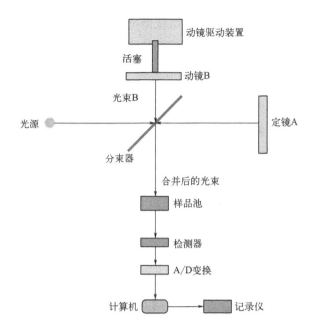

图 2　傅里叶变换红外光谱仪结构示意图

三、主要试剂与仪器

1. 试剂：自制聚合物、溴化钾。
2. 仪器：德国 Bruker 公司 Vertex 70 型原位红外光谱仪（图 3）。

图 3　Vertex 70 型原位红外光谱仪

四、实验步骤

1. 试样制备

① 成品薄膜。有些透明的薄膜成品，厚度为 10～30 μm，可直接剪一小块测红外光谱。检测仪器性能时使用的聚苯乙烯薄膜以及各种塑料包装袋均属此类。有些透明薄膜稍

厚，具有可塑性，可轻轻拉伸变薄后，再测试它的红外光谱。

② 溴化钾压片法。取固体样品 1～3 mg，在玛瑙研钵中研细，再加入 100～200 mg 的溴化钾粉末，使之混合均匀。取出适量混合物均匀铺撒在干净的压模内，于压片机上制成透明薄片。将此样品薄片装在样品架上，样品架插入红外光谱仪的试样窗口，进行测试。

2. 红外光谱图的测量

① 测试前观察仪器信号指示灯状态（绿色为正常，若显示黄色需更换仪器内部干燥剂）。

② 开启电脑，等待仪器与电脑建立通信信号后开启软件 OPUS7.8。

③ 点击高级数据采集—高级设置—调入（KBr 压片选择 MIR-TR，ATR 模式选择 MIR-ATR）。检查信号，保存峰位。

④ 基本设置—调入（模式与高级设置对应），然后测量背景单通道光谱（1 小时 1 次），测量样品单通道光谱。

⑤ 测试完成后对谱图进行分析处理，保存所需数据，清理实验台与仪器。

五、数据记录与处理

从红外光谱图上找出主要基团的特征吸收，与标准光谱图对照，分析鉴定试样属何种聚合物。查阅标准谱图是细致烦琐的工作，必须将试样的特征吸收峰和标准谱图的特征吸收峰一一对照。标准光谱图通常有：萨德勒标准谱图（the Sadtler Standard Spectra）、Hummel 等著《聚合物、树脂和添加剂的红外分析图谱集》的第一卷。后者汇集了约 1500 张聚合物和树脂的谱图，详细地介绍了它们的特征，还有近 300 张相关的小分子化合物谱图。

六、思考题

1. 红外光谱仪为什么要求温度和相对湿度维持一定的指标？
2. 为什么选择 KBr 作为承载样品的介质？
3. 产生红外吸收的原因是什么？

实验 28

蒸气压渗透法测定聚合物的分子量

一、实验目的

1. 了解蒸气压渗透仪测定聚合物分子量的原理。
2. 掌握蒸气压渗透仪操作的基本方法。

二、实验原理

蒸气压渗透法(vapour pressure osmometry,VPO)又称为气相渗透法,是一种普遍应用的测定高聚物的数均分子量的手段。在一恒温、密闭的容器中若充有某种挥发性溶剂的饱和蒸气,在此蒸气中的两个探头表面分别悬挂一滴聚合物溶液和一滴纯溶剂(图1),因为溶液表面上溶剂的饱和蒸气压低于纯溶剂的饱和蒸气压,于是溶剂分子就会自饱和蒸气相凝聚在溶液液滴的表面,并放出凝聚热,从而使溶液液滴的温度升高。对于纯溶剂液滴来说,其溶剂挥发速度与凝聚速度相等,温度不发生变化,这两个液滴之间便产生温差。

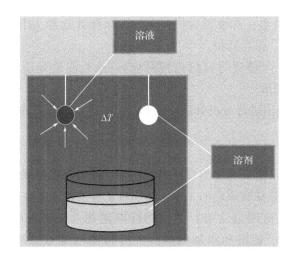

图1 充满溶剂饱和蒸气的密闭容器

当温差建立起来以后,热量将通过传导、对流、辐射等方式自溶液相扩散到蒸气相,测温元件等也要损失一部分热量,达到定态时(并非热力学平衡态),测温元件所反映的温差不再增高。此时,溶液液滴和溶剂液滴之间的温差 ΔT 与溶液中溶质的摩尔分数成正比。

1. 理想溶液温差 ΔT 和溶质摩尔分数的关系

溶质的摩尔分数如下:

$$\chi_2 = \frac{n_2}{n_1 + n_2} \approx \frac{n_2}{n_1} = \frac{w_2 M_1}{w_1 M_2} = C \frac{M_1}{M_2} \tag{1}$$

式中,χ_2 为溶液中溶质的摩尔分数;n_1 为溶剂的物质的量;n_2 为溶液中溶质的物质的量;w_1 为溶剂的质量;w_2 为溶质的质量;M_1 为溶剂的摩尔质量;M_2 为溶质的摩尔质量;C 为溶质质量与溶剂质量之比(g/kg)。

两个探头间温差与聚合物摩尔分数的关系:

$$\Delta T = A\chi_2 = AC \frac{M_1}{M_2} = A'C \frac{1}{M_2} \tag{2}$$

式中,A、A' 为常数。

2. 温差的检测

恒温条件下，利用两个性能一致的热敏电阻作为感温元件，组成示差惠斯通电桥的两个相邻的桥臂，另外的两个桥臂使用阻值相同的固定电阻 R_3 和 R_4，R_s 为匹配电阻，R_5 为调零电阻（图 2）。如果在这两个热敏电阻上各滴一滴溶剂，这时两个电阻的温度相同，阻值也相同，电桥处于平衡状态，A、B 两端电位差为零。如果在一个热敏电阻上滴溶液，另一个上滴溶剂，这时溶液由于从溶剂蒸气相中凝聚溶剂分子而温度升高。由于热敏电阻为负温度系数元件，这时阻值就会下降，从而导致电桥的不平衡，形成 A、B 两端的电位差，利用检流计（G）可显示这种不平衡信号（ΔG）。

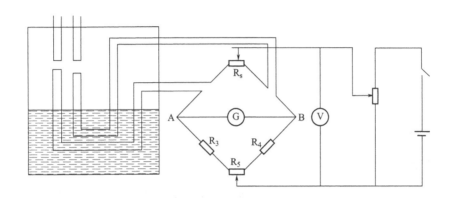

图 2　惠斯通电桥检测探头间温差

$$\Delta G = \frac{-BE}{4T^2} \Delta T \tag{3}$$

式中，B 为电阻材料常数；E 为电压；T 为体系温度。

式(3) 代入式(2)，并设常数为 K，可得

$$\Delta G = K \frac{C}{M_2} \tag{4}$$

在前面的讨论中，把溶液当作理想溶液处理，但高聚物的溶液不是理想溶液，因此式(4) 应该写为：

$$\Delta G/C = K\left(\frac{1}{M_n} + A_2 C + \cdots\right) \tag{5}$$

考虑到高分子溶液多为非理想溶液，其热效应有浓度依赖性，因此通常在不同浓度（溶质的质量分数）下测定 ΔG，再以溶液的质量分数 C 为零的外推值计算溶质的分子量，这时式(5) 可转化为：

$$\left(\frac{\Delta G}{C}\right)_{C\to 0} = \frac{K}{M_n} \tag{6}$$

三、主要试剂与仪器

试剂：聚乙二醇、聚乳酸羟基乙酸共聚物。

仪器：容量瓶、Osmomat 070 蒸气压渗透仪（图3）。

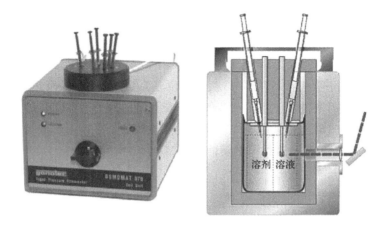

图3　Osmomat 070 蒸气压渗透仪内、外示意图

四、实验步骤

1. 标准溶液的配制

准确称量聚乙二醇，溶于水中，加入到 25 mL 容量瓶中。将溶液稀释 3～4 个浓度。

2. 标定仪器常数 K

① 配制一系列浓度梯度的已知分子量的标准样品，分别测出其 ΔG。

首先在溶剂蒸气饱和的气化室中一对热敏电阻上各滴一滴纯溶剂，经过 t_0 达到平衡，检流计读数记作 G_0。然后在其中一个热敏电阻上滴一滴试样溶液，在达到 T_0 后，检流计两端形成电位差，这时读取检流计读数 G_i，并以差值作为该溶液的温差实验值，$\Delta G = G_i - G_0$。

② 以 $\Delta G/C$ 对 C 作图外推至 $C \to 0$ 的值（图4）。

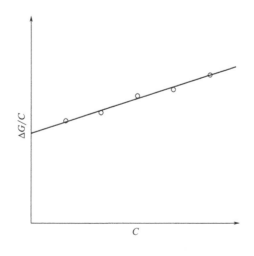

图4　$\Delta G/C$ 对 C 的依赖关系

③ 根据式（6）即可求出 K。

3. 未知分子量的计算

在同一条件下（温度、溶剂、桥电压等相同）测试样品，求得 $(\Delta G/C)_{C \to 0}$ 值。根据标样测得的仪器常数 K 计算出样品的分子量。

五、数据记录与处理

1. 求 K 值。根据已知分子量的聚合物的一系列浓度对应的 ΔG 值，作 $\Delta G/C$ 对 C 的图，线性拟合求得 K 值。

2. 求未知分子量的聚合物的分子量。测得的 ΔG，带入式（6），求得聚合物分子量。

六、思考题

1. 导致分子量测定值偏高或偏低因素有哪些？
2. 样品中小分子杂质或低分子量的高分子组分对测试有何影响？

实验 29

凝胶渗透色谱法测定聚合物的分子量

一、实验目的

1. 了解凝胶渗透色谱法的基本原理。
2. 根据实验数据计算数均分子量、重均分子量、多分散系数。

二、实验原理

聚合物的分子量及分子量分布是聚合物性能的重要参数之一，它对聚合物的机械性能影响很大。聚合物的分子量分布是由聚合过程和解聚过程的机理决定的，因此无论是为了研究聚合或解聚机理及其动力学，或者是为了更好控制聚合及成型加工的工艺，都需要测定聚合物的分子量及分子量分布。凝胶渗透色谱法（gel permeation chromatography, GPC）是利用高分子溶液通过填充有特种凝胶的柱子把聚合物分子按尺寸大小进行分离的方法。GPC 是液相色谱，能用于测定聚合物的分子量及分子量分布，也能用于测定聚合物内小分子物质、聚合物支化度及共聚物组成等，以及作为聚合物的分离和分级手段。通过 GPC 法可实现对分子量及其分布的快速自动测定。

1. 分离机理

GPC 是液相色谱的一个分支，其分离部件是一个以多孔性凝胶作为载体的色谱柱，凝胶的表面与内部含有大量彼此贯穿的大小不等的孔洞。色谱柱总体积 V_t 由载体骨架体

积 V_g、载体内部孔洞体积 V_i 和载体粒间体积 V_0 组成。GPC 的分离机理通常用"空间排斥效应"解释。待测聚合物试样以一定速度流经充满溶剂的色谱柱，溶质分子向填料孔洞渗透，渗透程度与分子尺寸有关，分为以下三种情况：①高分子尺寸大于填料所有孔洞孔径，高分子只能存在于凝胶颗粒之间的空隙中，淋洗体积 $V_e=V_0$，为定值；②高分子尺寸小于填料所有孔洞孔径，高分子可在所有凝胶孔洞之间填充，淋洗体积 $V_e=V_0+V_i$，为定值；③高分子尺寸介于前两种之间，较大分子渗入孔洞的概率比较小分子渗入的概率要小，在柱内流经的路程要短，因而在柱中停留的时间也短，从而达到了分离的目的。当聚合物溶液流经色谱柱时，较大的分子被排除在粒子的小孔之外，只能从粒子间的间隙通过，速率较快；而较小的分子可以进入粒子中的小孔，通过的速率要慢得多。经过一定长度的色谱柱，分子根据分子量被分开，分子量大的在前面（即淋洗时间短），分子量小的在后面（即淋洗时间长）。自试样从进柱到被淋洗出来，所接收到的淋出液总体积称为该试样的淋出体积。当仪器和实验条件确定后，溶质的淋出体积与其分子量有关，分子量愈大，其淋出体积愈小。分子的淋出体积为：

$$V_e=V_0+KV_i (K 为分配系数, 0 \leqslant K \leqslant 1) \tag{1}$$

对于上述第①种情况，$K=0$；第②种情况，$K=1$；第③种情况，$0<K<1$。综上所述，对于分子尺寸与凝胶孔洞直径相匹配的溶质分子来说，都可以在 V_0 至 V_0+V_i 淋洗体积之间按照分子量由大到小依次被淋洗出来。

2. 检测机理

除了将分子量不同的分子分离开来，还需要测定其含量和分子量。用示差折光仪测定淋出液的折射率与纯溶剂的折射率之差 Δn。在稀溶液范围内 Δn 与淋出组分的相对浓度 Δc 成正比，则以 Δn 对淋出体积（或时间）作图可表征不同分子的浓度。图 1 为折射率之差 Δn（浓度响应）对淋出体积（或时间）作图得到的 GPC 谱图。

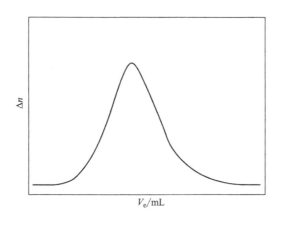

图 1 典型 GPC 谱图

3. 校正曲线

用一组已知分子量的单分散性聚合物标准试样，以它们的峰值位置的淋洗体积 V_e 或淋洗时间对 lg M 作图，可得 GPC 校正曲线（图 2）。

由图 2 可见，当 lg$M$>a 与 lg$M$<b 时，此时的淋洗体积与试样分子量不呈线性关系。$V_0 + V_i \sim V_0$ 是凝胶选择性渗透分离的有效范围，即为标定曲线的直线部分。

对于不同类型的高分子，在分子量相同时其分子尺寸并不一定相同。用 PS 作为标准样品得到的校正曲线不能直接应用于其他类型的聚合物，因此希望能借助某一聚合物的标准样品在某种条件下测得的标准曲线，通过转换关系在相同条件下也能用于其他聚合物试样，这种校正曲线称为普适校正曲线。由于 GPC 对聚合物的分离是基于分子流体力学体积，即具有相同分子流体力学体积的分子，在同一个保留时间流出。根据 Flory 流体力学体积理论，两种柔性链高分子的流体力学体积相同，则下式成立：

$$[\eta]_1 M_1 = [\eta]_2 M_2 \quad (2)$$

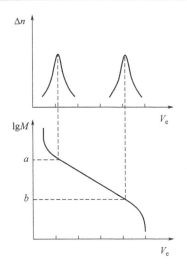

图 2　GPC 校正曲线示意图

再将 Mark-Houwink 方程 $[\eta] = KM^\alpha$ 代入式(2)可得：

$$\lg M_2 = \frac{1}{1+\alpha_2} \lg \frac{K_1}{K_2} + \frac{1+\alpha_1}{1+\alpha_2} \lg M_1 \quad (3)$$

由此，如已知在测定条件下两种聚合物的 K、α 值，就可以根据标样的淋出体积与分子量的关系换算出试样的淋出体积与分子量的关系，只要知道某一淋出体积的分子量 M_1，就可算出同一淋出体积下其他聚合物的分子量 M_2。

三、主要试剂与仪器

1. 试剂：DMF、待测试样。
2. 仪器：美国 Waters1515GPC 凝胶渗透色谱仪（图 3），其主要由五大部分组成。

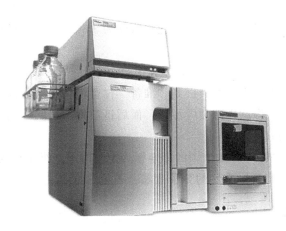

图 3　凝胶渗透色谱仪

（1）泵系统　包括一个溶剂储存器、一套脱气装置和一个柱塞泵。它的主要作用是使溶剂以恒定的流速流入色谱柱。

(2) 进样系统　进行 GPC 测试时必须选择合适的溶剂，所选的溶剂必须能使聚合物试样完全溶解；溶剂能浸润凝胶柱子，但与色谱柱不发生任何的其他相互作用。

(3) 分离系统——色谱柱　色谱柱是 GPC 仪的核心部件，被测样品的分离效果主要取决于色谱柱的匹配及其分离效果。当高分子中的最小尺寸的分子比色谱柱的最大凝胶颗粒的尺寸还要大或其最大尺寸的分子比凝胶孔的最小孔径还要小时，色谱柱就失去了分离的作用。在使用 GPC 法测定分子量时，必须选择与聚合物分子量范围相匹配的柱子。色谱柱有多种类型，对填料的基本要求是填料不能与溶剂发生反应或被溶剂溶解。根据凝胶填料的种类可分为以下几类：

有机相：交联 PS、交联聚乙酸乙烯酯、交联硅胶。

水相：交联葡聚糖、交联聚丙烯酰胺。

(4) 检测系统　用于 GPC 的检测器有多波长紫外检测器、示差折光检测器、示差＋紫外检测器、质谱（MS）检测器、FTIR 检测器等多种，该 GPC 仪配备的是示差折光检测器。

示差折光检测器是一种浓度检测器，它是根据浓度不同则折射率不同的原理制成的，通过不断检测样品流路和参比流路中的折射率的差值来检测样品的浓度。不同的物质具有不同的折射率，聚合物溶液的折射率为：

$$n = c_1 n_1 + c_2 n_2 \tag{4}$$

式中，c_1、c_2 分别为溶剂和溶质的物质的量浓度，$c_1 + c_2 = 1$；n_1、n_2 分别为溶剂和浓度的折射率。折射率的差为：

$$\Delta n = n - n_1 = c_2(n_2 - n_1) \tag{5}$$

Δn 与 c_2 成正比，所以 Δn 可以反映出溶质的浓度。

(5) 数据采集与处理系统。

四、实验步骤

1. 调试运行仪器：选择匹配的色谱柱，在实验条件下测定校正曲线（一般是 40 ℃）。

2. 配制试样溶液：使用色谱纯 DMF 配制浓度为 3～5 mg/mL 的试样溶液，溶解完全后用 0.45 μm 的滤膜过滤待用。

3. 用注射器吸取 DMF，进行冲洗，重复几次。然后吸取 10 μL 试样溶液，排除注射器内的空气，将针尖擦干。将六通阀扳到"准备"位置，将注射器插入进样口，调整软件及仪器到准备进样状态，将试样液缓缓注入，而后迅速将六通阀扳到"进样"位置。将注射器拔出，并用 DMF 清洗。

4. 获取数据，得到的 GPC 的谱图的横坐标为淋出时间，纵坐标为折射率的差。

5. 根据校正曲线，得到高聚物的分子量和分子量的分布。

五、数据记录与处理

实验参数：

色谱柱的分子量范围：_____

内部温度：_____；外加热器温度：_____

流量：_____；进样体积：_____

GPC 仪都配有数据处理系统，同时给出 GPC 谱图及各种平均分子量和多分散系数。

六、注意事项

1. 抽取试样时注意赶走内部的空气；试样注入至调节六通阀至 INJECT 的过程中注射器严禁抽取或拔出。
2. 凝胶色谱柱应用溶剂充分淋洗，待基线平稳后，才能开始检测。

七、思考题

1. 简述测定分子量的方法及优缺点，以及 GPC 方法测定分子量的原理和应用领域。
2. 列出实验测定时某些可能的误差，对分子量的影响如何？
3. 对某种聚合物，在得不到其 Mark-Houwink 方程的 K 和 α 值，且通过分级得到一系列窄分布样品并已测得其相对应的 $[\eta]$ 的条件下，可否通过 GPC 方法求得该聚合物的分子量及 K 和 α 值？如果可以，应该如何进行？

实验 30

黏度法测定高聚物的黏均分子量

一、实验目的

1. 了解黏度法测定高聚物摩尔质量的基本原理。
2. 掌握用乌氏黏度计测定高聚物溶液的特性黏度的方法。

二、实验原理

由于聚合物的分子量远大于溶剂，因此将聚合物溶解于溶剂时，溶液的黏度将大于纯溶剂的黏度，可用多种方式来表示溶液黏度相对溶剂黏度的变化，其名称及定义如表 1 所示。

表 1 溶液黏度的各种定义及表达式

名称	定义式	量纲
相对黏度	$\eta_r = \dfrac{\eta}{\eta_0}$	无量纲
增比黏度	$\eta_{sp} = \dfrac{\eta - \eta_0}{\eta_0} = \eta_r - 1$	无量纲
比浓黏度（黏数）	$\dfrac{\eta_{sp}}{c} = \dfrac{\eta_r - 1}{c}$	浓度的倒数（dL/g）
比浓对数黏度（对数黏数）	$\dfrac{\ln \eta_r}{c} = \dfrac{\ln(\eta_{sp}+1)}{c}$	浓度的倒数（dL/g）

溶液的黏度与溶液的浓度有关，为了消除黏度对浓度的依赖性，定义了一种特性黏数，表示为：

$$[\eta] = \lim_{n \to \infty} \frac{\eta_{sp}}{c} = \lim_{n \to \infty} \frac{\ln\eta_r}{c} \tag{1}$$

特性黏数与浓度无关,量纲也是浓度的导数。特性黏数取决于聚合物的分子量和结构、溶液的温度和溶剂的特性。当温度和溶剂一定时,对于同种聚合物而言,$[\eta]$ 就仅与其黏均分子量 M_η 有关,$[\eta]$ 与 M_η 存在如下关系:

$$\text{Mark-Houwink 方程} \quad [\eta] = K M_\eta^\alpha \tag{2}$$

式中,K 为比例常数;α 为扩张因子。K、α 与温度、聚合物种类和溶剂的性质有关。K 值受温度的影响较明显;而 α 值主要取决于高分子线团在溶剂中的舒展程度,一般介于 0.5~1.0 之间。对于给定的聚合物溶剂体系,在一定的分子量范围内 K、α 值可从有关手册中查到。或采用几个标准样品由 Mark-Houwink 方程进行确定,标准样品的分子量由绝对方法(如渗透压和光散射法等)确定。

对于 $[\eta]$ 的测定,有两种较常用的方法:

1. 外推法

外推法的依据是在一定的温度下,聚合物溶液的黏度与浓度有一定的依赖关系。描述溶液黏度对浓度依赖的经验方程式很多,而应用较多的有:

$$\text{Huggins 方程} \quad \frac{\eta_{sp}}{c} = [\eta] + k'[\eta]^2 c \tag{3}$$

$$\text{Kraemer 方程} \quad \frac{\ln\eta_r}{c} = [\eta] - \beta[\eta]^2 c \tag{4}$$

对于给定的聚合物在给定温度和溶液时,k'、β 为常数。k' 称为哈金斯常数,它表示溶液中高分子间以及高分子与溶剂分子间的相互作用,c 为聚合物溶液的浓度。如果用 $\frac{\eta_{sp}}{c}$ 或 $\frac{\ln\eta_r}{c}$ 对 c 作图向外推,当 $c \to \infty$ 时,两条线外推可得到共同的截距,即为 $[\eta]$。

2. 一点法

由于用外推法测定 $[\eta]$ 时,每个样品至少要 5 个点,较为费时,有时为了快速测定聚合物的分子量或样品的量较少,就可以用一点法来计算 $[\eta]$。因为在线型柔性链高分子的良溶剂体系中,k' 值一般在 0.3~0.4,$k' + \beta = 0.5$。那么由式(3) 和式(4) 联立得:

$$[\eta] = \frac{\sqrt{2(\eta_{sp} - \ln\eta_r)}}{c} \tag{5}$$

即可由聚合物溶液在某个浓度 c 时的 $\ln\eta_r$ 和 η_{sp} 直接求得聚合物的 $[\eta]$。

溶液黏度一般用毛细管黏度计来测定,最常用的是乌氏黏度计。其特点是溶液的体积对测量没有影响,所以可以在黏度计内采取逐步稀释的方法,得到不同浓度的溶液。根据相对黏度的定义:

$$\eta_r = \frac{\eta}{\eta_0} = \frac{\rho t \left(1 - \dfrac{B}{At^2}\right)}{\rho_0 t_0 \left(1 - \dfrac{B}{At_0^2}\right)} \tag{6}$$

式中，ρ、ρ_0 分别为溶液和溶剂的密度，因溶液很稀，$\rho \approx \rho_0$；A、B 为黏度计常数；t、t_0 分别为溶液和溶剂在毛细管中的流出时间，即液面经过刻线 a、b 所需的时间。在恒温条件下，用同一支黏度计测定聚合物溶液和溶剂的流出时间，如果溶剂在该黏度计中的流出时间大于 100s，则动能校正项 $\dfrac{B}{At_0^2}$ 值远小于 1，可忽略不计，因此溶液的相对黏度可以近似表示为：

$$\eta_r = \frac{t}{t_0} \tag{7}$$

即由某个浓度 c 的样品溶液和纯溶剂在毛细管中的流速时间 t 就能计算出 η_r 和 η_{sp}，进一步由 η_r 和 η_{sp} 通过作图外推法或一点法计算出样品的 $[\eta]$，最后由 Mark-Houwink 方程计算出样品的黏均分子量 M_η。

三、主要试剂与仪器

1. 试剂：聚乙烯醇、蒸馏水。
2. 仪器：乌氏黏度计（图1）、恒温水浴装置、秒表、洗耳球、止水夹、移液管、25 mL 容量瓶、乳胶管、烧杯、锥形瓶、针筒。

四、实验步骤

1. 溶液的配制

准确称取聚乙烯醇 0.125 g 于锥形瓶中，加入 15 mL 蒸馏水并加热至 80℃ 使其溶解，在得到完全澄清的溶液后冷却至室温，移至 25 mL 容量瓶中，加蒸馏水稀释至刻度并摇匀。

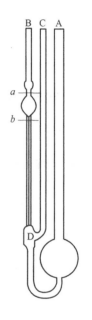

图 1　乌氏黏度计

2. 溶液流出时间的测定

把预先经严格清洗检查过的洁净黏度计的 B、C 管分别套上医用乳胶管，垂直夹持于恒温槽中，然后用移液管吸取 10 mL 溶液至 A 管注入，恒温 15 min 后用一只手捏住 C 管上的乳胶管，用针筒从 B 管把溶液缓缓地抽至 a 线以上，停止抽气。把连接 B、C 管的乳胶管同时放开，让空气进入 D 球，B 管溶液就会慢慢下降，至弯月面降至刻度 a 时，开始计时，弯月面到刻度 b 时，按停表，记下溶液流经 a、b 间所需的时间。如此重复，取流出时间相差不超过 0.2 秒的连续三次平均值为 t_1。

3. 稀释法测一系列溶液的流出时间

用蒸馏水将溶液稀释，使溶液浓度变为起始浓度的 2/3、1/2、1/3、1/4，再分别进行测定。

4. 纯溶剂的流经时间测定

倒出全部溶液，用蒸馏水洗涤数遍，黏度计的毛细管要用针筒抽洗。洗净后按如上操作测定蒸馏水的流出时间,记为 t_0。

五、数据记录与处理

1. 实验记录(表 2)

表 2　溶液流出时间的测定

流出时间	1	2	3	平均值	η_r	$\ln\eta_r$	$\dfrac{\ln\eta_r}{c}$	η_{sp}	$\dfrac{\eta_{sp}}{c}$
$t_1(c=c_0)$									
$t_2(c=2/3c_0)$									
$t_3(c=1/2c_0)$									
$t_4(c=1/3c_0)$									
$t_5(c=1/4c_0)$									

2. 用外推法求 [η]

用 η_{sp}/c、$\ln\eta_r/c$ 分别为纵坐标,溶液浓度为横坐标,根据表 2 数据作图求 [η]。

3. 计算 M_η

聚乙烯醇在水溶液中,30℃时,$K=42.8\times10^{-3}$,$\alpha=0.64$,按式(2) 计算出 M_η。

六、思考题

1. 与其他测分子量的方法相比,黏度法有何优点?
2. 资料里查不到 K、α 值,如何求得?
3. 在测定分子量时主要注意哪几点?

实验 31

MALDI-TOF-MS 法测聚合物的分子量

一、实验目的

1. 了解 MALDI-TOF-MS 法的原理和应用。
2. 了解 MALDI-TOF-MS 法样品制备、测试过程及数据处理。
3. 掌握用 MALDI-TOF-MS 法测聚合物的分子量。

二、实验原理

聚合物分子应用广泛,从生活上经常使用的各种塑料制品、合成纤维制品,到工程上的耐磨材料、绝缘材料、电池材料、人工脏器等,都离不开聚合物分子的研发和生产。具有不同聚合度及组成单元的聚合物分子性能不同，故聚合物分子量及其分布的测定在合成高分子研究及生产工艺质控中尤为重要。

聚合物具有复杂的结构，包括线型、树枝状、星型、支化和超支化结构等。高聚物分子量的测定的方法有很多，如光散射法、凝胶渗透色谱法、膜渗透法、超速离心沉降法、端基分析法等，不同的方法各有其适用范围，得到的统计平均值也不尽相同。基质辅助激光解吸电离飞行时间质谱（matrix assisted laser desorption ionization-time of flight-mass spectrometry，MALDI-TOF-MS）是近年来发展起来的一种新型质谱。与其他方法相比，MALDI-TOF-MS 直接测定绝对分子量，能够测定出样品中所有分子链的分子量，而不只是一个平均值，无须使用聚苯乙烯之类的标样校正。此外，MALDI-TOF-MS 还可实现对聚合物中添加剂和痕量杂质的识别以及对端基的分析。

MALDI-TOF-MS 仪主要由两部分组成：基质辅助激光解吸电离离子源（MALDI）和飞行时间质量分析器（TOF）。其原理是用激光照射样品与基质形成的共结晶薄膜，基质吸收能量后传递到聚合物大分子，激发大分子发生光化学反应，产生一系列的准分子离子（图1）。该电离技术能够产生较完整的准分子离子，几乎不产生或产生极少的碎片离子，因此是一种软电离技术，是极少数适合高聚物及蛋白质生物大分子等的测定方法之一。

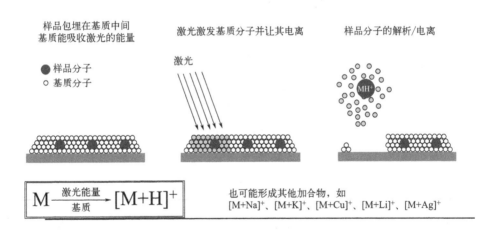

图 1　基质辅助激光解吸电离原理

基质对于 MALDI-TOF-MS 有重要的作用，是获得高质量谱图的关键。基质的作用可分为以下几点：①保护样品，吸收激光能量（激光直接照射样品会导致样品分解）；②提供质子，通过质子将能量转移给样品，实现离子化；③稀释及提供卷流，将大分子解离，抛出样品分子。样品制备过程中基质的选择尤为重要，基质需要满足以下基本条件：①能与所测试样品形成良好的共结晶体，而自身产生较少碎片；②必须与样品、阳离子试剂具有良好的相容性；③能够有效吸收激光脉冲能量，有较高的灵敏度；④具有对目标分子提供高效离子化的能力；⑤基质与高分子极性一致且相互作用小。目前常用的基质为一些易吸收激光能量的弱有机碱类物质，为了更好地吸收能量，基质一般为含苯环的有机化合物。表1所示为常用的几种基质。

表 1 MALDI-TOF-MS 常用的基质

基质	结构	分子量
芥子酸	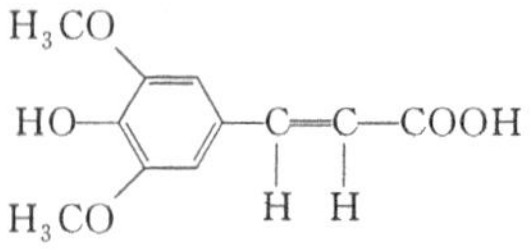 (SA)	224
2,5-二羟基苯甲酸	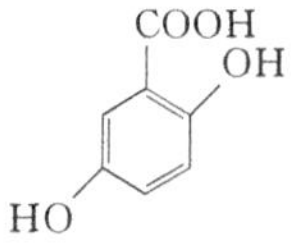 (DHB)	154
2-氰基-4-羟基肉桂酸	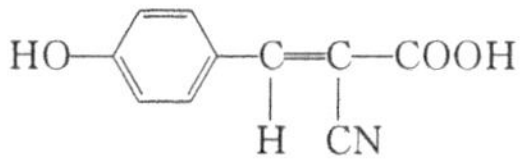 (CCA)	189
3-吲哚丙烯酸	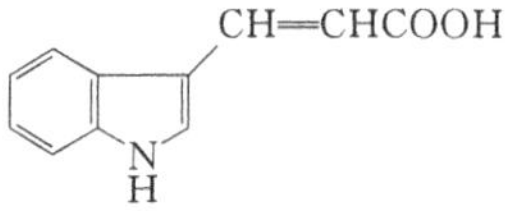 (IAA)	187
2-(4-羟基苯偶氮)苯甲酸	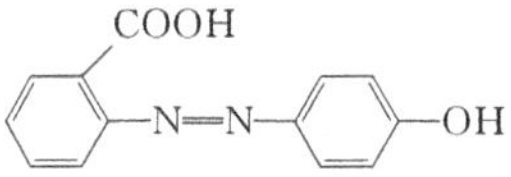 (HABA)	242
蒽三酚	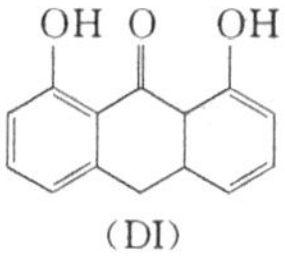 (DI)	226

飞行时间质量分析器（TOF）由离子源、加速区、无场漂移区、检测器和处理系统等组成。图 2 是飞行时间质量分析器的原理示意图。离子在电场作用下，获得相同的动能。这样，质量小的离子的速度比较快，通过无场漂移区到达检测器所需要的时间比较短。

飞行的时间可由公式 $t = \left(\dfrac{m}{2eV}\right)^{1/2} [2s + D]$ 算出：

式中，e 为离子电荷数；m 为离子质量；V 为加速电压；s 为离子源加速区距离；D 为无场漂移区距离。

早期的 MALDI-TOF-MS 使用线性模式，虽能够分析大分子，但分辨率较低，质谱峰较宽，信噪比低，质量测量精度低，主要原因之一是初始离子的动能分散。现代的仪器通过使用脉冲离子引出技术（PIE）和静电反射器（反射模式），大大提高了分辨率，能在 50～70 kDa 内获得高分辨质谱（图 3）。该方法灵敏度高，样品的用量极少，只需要毫克级；检测质量范围达 10^6 Da，准确度高达 0.1%～0.01%。与其他分析方法相比，测量速度也有显著提高。

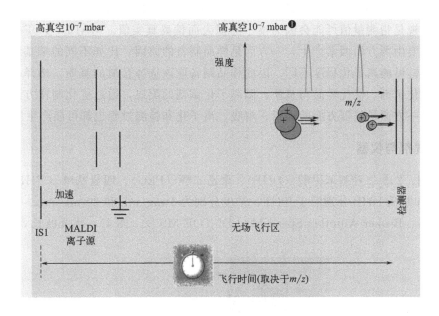

图 2　飞行时间质量分析器原理

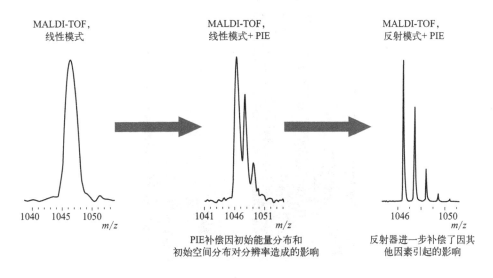

图 3　不同模式下的分辨率

MALDI-TOF 的电离方式属于软电离，可保持分子的完整性，可降低碎片干扰，使分析分子量的难度大大降低。在理论上只要基质溶剂选择合理，实验的方法正确，都能够测得分子量及分子量的分布；实验前不需要对样品做精细的纯化，少量的杂质不会造成干扰，也就不需特殊的处理；有些体系为了达到有效的离子化，还需另加入一定量的盐类，所以少量盐类的存在有时反而是必要的。

---

❶　1 bar＝10^5 Pa。

MALDI-TOF-MS 具有上述诸多优点，但也有不足的地方，其中之一是质量歧视现象。质量歧视是指测量值可能会因为离子的损失而偏离真实值。MALDI-TOF-MS 的质量歧视现象主要由两方面因素产生，一方面是样品制备的原因，比如不同的端基结构、不同质量的分子链可能离子化程度不同。因此样品制备应该选择合适的基质，选择与样品相适宜的阳离子化试剂，优化样品与基质、阳离子化试剂的配比，通过优化制样方法来减少质量歧视。另一方面是仪器方面的因素，解吸、离子化和检测过程也都可能产生质量歧视。

三、主要试剂与仪器

1. 试剂：2,5-二羟基苯甲酸（DHB）、聚乙二醇（PEG）、四氢呋喃（THF）。聚合物样品 PEG 和基质 DHB 分别溶于 THF，浓度分别为 5 mg/mL 和 20 mg/mL。

2. 仪器：Bruker Autoflex Speed MALDI-TOF-MS 仪（图 4），激光波长 355 nm。

图 4　MALDI-TOF-MS 仪

四、实验步骤

1. 将微量聚合物样品（约 2 μL）与过量小分子基质（约 5 μL）混合均匀，用移液枪取混合溶液 1 μL，均匀涂布在标准抛光钢靶上。将靶平放于室温下自然干燥，溶剂挥发后样品与基质形成共结晶。将已干燥的抛光钢靶放在贮存器中送入电离室。启动 flexControl 软件（图 5）。

2. 通过 File→Select Method 选择数据采集方法。仪器所有的参数都保存在相应的数

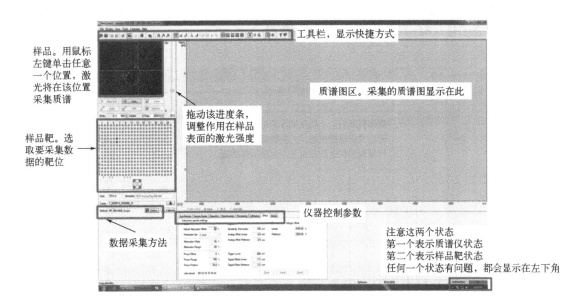

图 5 flexControl 软件启动界面

据采集方法中。根据待测样品分子量的区间及质量精度要求，选取适当的方法即可。数据采集方法命名规则如下：

"方法文件名"里第一个字母：L 代表线性模式，R 代表反射模式。第二个字母：P 代表正离子模式，N 代表负离子模式。文件名里的 LIFT 代表二级质谱（TOF/TOF 方式）。如 RP_5-20_kDa.par 为反射正离子模式测定质量范围 5000 至 20000 的样品。反射模式具有更高的质量精度。

3. 数据采集次序：Clear Sum→Start→Add→Save As（图 6），如果点击 Start 后，发现数据不理想，可以通过调整数据采集点位、调整激光能量或照射次数等参数，获取理想的质谱数据。

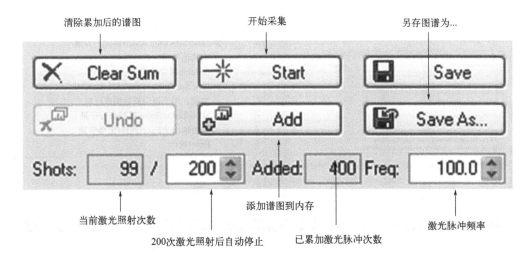

图 6 数据采集次序

4. 质谱数据用 Flex Analysis 处理（图 7）并导出（图 8），获取样品的数均分子量（M_n）、重均分子量（M_w）及分散度（PDI）数据。

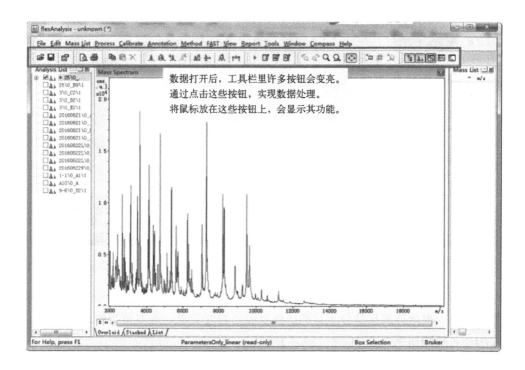

图 7　Flex Analysis 软件打开数据界面

图 8　数据输出

五、思考题

1. MALDI-TOF-MS 基质有何作用？基质的选择要注意哪些问题？
2. 影响 MALDI-TOF-MS 测试准确性的因素有哪些？

实验 32

静态光散射法测定聚合物的分子量和分子尺寸

一、实验目的

1. 了解光散射法测定聚合物重均分子量的原理及实验数据。
2. 掌握用 Zimm 法双外推作图处理实验数据的方法。

二、实验原理

光通过不均匀介质时会发生散射现象（图 1）。大分子溶液可被看成不均匀介质，当受到入射光的电磁场作用时，会成为新的光源而发射散射光。由于散射光的强度、频率偏移、偏振度以及光强的角分布都与聚合物的分子量、溶液中的链形态以及分子间的相互作用有关，因而可以用于研究大分子的分子量、分子形态、大分子与溶剂的相互作用以及扩散系数等。

经典光散射理论认为，散射光的强度除与入射光的强度、频率、波长有关外，还与它们是否产生干涉有关。高分子溶液的散射光有外干涉和内干涉现象。外干涉与溶液浓度有关，当散射质点靠近时，各质点的散射光发生相互干涉而使散射光的强度受到影响，采用稀溶液可消除外干涉现象。内干涉现象则与分子尺寸有关，当分子尺寸较大时，一个质点（高分子链）的各部分均看成独立的散射中心，它们之间所产生的散射光会相互干涉。

若散射光的波长、频率与入射光一样，没有发生任何变化，这种散射称为弹性散射或瑞利散射。这种散射是研究高分子尺寸的基础。图 1 为散射光示意图，散射光方向与入射光方向间的夹角称为散射角 θ，从散射中心到观测点间的距离为 r，则散射光强度 I 与入射光强度 I_0 间的关系如下：

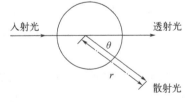

图 1 光散射示意图

$$I = \frac{1+\cos^2\theta}{2} \times \frac{4\pi^2 n^2}{N_A \lambda_0^4 r^2}\left(\frac{\partial n}{\partial c}\right)^2 cI_0 \Big/ \left(\frac{1}{M} + 2A_2 c\right) \tag{1}$$

式中，λ_0 为入射光在真空中的波长；n 为溶剂的折射率；$\partial n/\partial c$ 为溶剂的折射率增量；N_A 为阿伏伽德罗常数；c 为溶液的浓度；M 为溶质的分子量；A_2 为第二维利系数。

引入参数瑞利比 R_θ

$$R_\theta = \frac{r^2 I}{I_0} \tag{2}$$

式(2) 可改写为

$$R_\theta = \frac{1+\cos^2\theta}{2} \times \frac{4\pi^2 n^2}{N_A \lambda_0^4}\left(\frac{\partial n}{\partial c}\right)^2 c \bigg/ \left(\frac{1}{M} + 2A_2 c\right) \tag{3}$$

当溶质、溶剂、温度和入射光波长选定后，式(3) 中的 n、λ_0 均为常数，以光学常数 K 表示：

$$K = \frac{4\pi^2 n^2}{N_A \lambda_0^4}\left(\frac{\partial n}{\partial c}\right)^2 \tag{4}$$

式(3) 可改写为

$$\frac{1+\cos^2\theta}{2} \times \frac{Kc}{R_\theta} = \frac{1}{M} + 2A_2 c \tag{5}$$

对于质点尺寸较小（$<\lambda/20$）的溶液，入射光垂直偏振时，散射光强与散射角无关。入射光为非偏振光时，散射光在前后方向对称，且当 $\theta=90°$ 时，受干扰最小，此时式(5) 可简化为：

$$\frac{Kc}{2R_{90°}} = \frac{1}{M} + 2A_2 c \tag{6}$$

对于多分散体系，当溶液浓度趋近于 0 时，从式(6) 可得：

$$(R_{90°})_{c\to 0} = \left(\frac{K}{2}\right)\sum_i c_i M_i = \left(\frac{K}{2}\right)c\frac{\sum_i c_i M_i}{\sum_i c_i} = \left(\frac{K}{2}\right)c\frac{\sum_i m_i M_i}{\sum_i m_i} = \frac{K}{2}c\overline{M}_w \tag{7}$$

对于质点尺寸较大（$>\lambda/20$）的溶液，必须考虑散射光的内干涉效应，这时散射光强随散射角不同而不同，且散射光强不对称，引入散射函数 $P(\theta)$ 对由内干涉效应而导致散射光强的变化进行校正。

$$P(\theta) = 1 - \frac{16\pi^2}{3\lambda^2}\overline{s^2}\sin^2\frac{\theta}{2} + \cdots \tag{8}$$

式中，$\overline{s^2}$ 为大分子链在溶液中的均方旋转半径；λ 为入射光在溶液中的波长，$\lambda = \lambda_0/n$。式(5) 可修正为：

$$\frac{1+\cos^2\theta}{2} \times \frac{Kc}{R_\theta} = \frac{1}{M} \times \frac{1}{P(\theta)} + 2A_2 c \tag{9}$$

将式(8) 代入式(9) 中，利用 $1/(1-x) = 1+x+x^2+\cdots$ 关系，可得：

$$\frac{1+\cos^2\theta}{2} \times \frac{Kc}{R_\theta} = \frac{1}{M}\left(1 + \frac{16\pi^2}{3\lambda^2}\overline{s^2}\sin^2\frac{\theta}{2} + \cdots\right) + 2A_2 c \tag{10}$$

在散射光的测定中还要考虑散射体积的改变，也需要校正，式(10) 可改为：

$$\frac{1+\cos^2\theta}{2\sin\theta} \times \frac{Kc}{R_\theta} = \frac{1}{M}\left(1 + \frac{16\pi^2}{3\lambda^2}\overline{s^2}\sin^2\frac{\theta}{2} + \cdots\right) + 2A_2 c \tag{11}$$

对于无规线团分子：

$$\overline{s^2} = \frac{\overline{h^2}}{6} \tag{12}$$

故光散射测定聚合物分子量及分子尺寸的基本计算公式如下：

$$\frac{1+\cos^2\theta}{2\sin\theta} \times \frac{Kc}{R_\theta} = \frac{1}{M}\left(1 + \frac{8\pi^2}{9\lambda^2}\overline{h^2}\sin^2\frac{\theta}{2} + \cdots\right) + 2A_2 c \tag{13}$$

实验测定一系列不同浓度溶液在不同散射角时的瑞利因子 R_θ，以 $\frac{1+\cos^2\theta}{2\sin\theta} \times \frac{Kc}{R_\theta}$ 对 $\sin^2\frac{\theta}{2} + qc$ 作图。此处，q 为任意常数，目的是使图形展开为清晰的格子。然后进行 $c\to 0$、$\theta\to 0$ 外推，具体步骤为：将 θ 相同的点连成线，向 $c=0$ 处外推，以求 $\left(\frac{1+\cos^2\theta}{2\sin\theta} \times \frac{Kc}{R_\theta}\right)_{c\to 0}$。此时，点的横坐标对应的 $\sin^2\left(\frac{\theta}{2}\right)$ 的值并不是 0。故将 $\left(\frac{1+\cos^2\theta}{2\sin\theta} \times \frac{Kc}{R_\theta}\right)_{c\to 0}$ 的点连成线，对 $\sin^2\left(\frac{\theta}{2}\right)\to 0$ 外推。将 c 相同的点连成线，对 $\sin^2\left(\frac{\theta}{2}\right)\to 0$ 外推，以求 $\left(\frac{1+\cos^2\theta}{2\sin\theta} \times \frac{Kc}{R_\theta}\right)_{\theta\to 0}$。此时，点的横坐标并不是 0，而是 qc 值。再以 $\left(\frac{1+\cos^2\theta}{2\sin\theta} \times \frac{Kc}{R_\theta}\right)_{\theta\to 0}$ 对 c 作图，外推 $c\to 0$。以上两条外推线，在 Y 轴应具有同一截距，其值为 $1/M$，可求得聚合物的分子量。而前一条外推线的斜率为 $2A_2$，后一条外推线的斜率为 $\frac{8\pi^2}{9\lambda^2}\overline{h^2}$，分别可以计算出第二维利系数 A_2 和均方末端距 $\overline{h^2}$。以上为光散射数据处理的 Zimm 作图法，如图 2 所示。

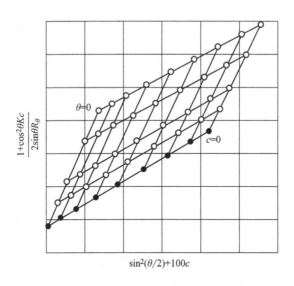

图 2　高分子溶液光散射数据的 Zimm 双外推图

三、主要试剂与仪器

1. 试剂：聚合物溶液、甲苯、超纯水（或色谱纯溶剂）。
2. 仪器：阿贝折射仪、示差折射仪、德国 ALV 公司 CGS-3 一体式动静态激光光散射仪（图 3）、样品管、0.45 mm 滤芯、容量瓶、烧杯、滤膜、样品瓶。

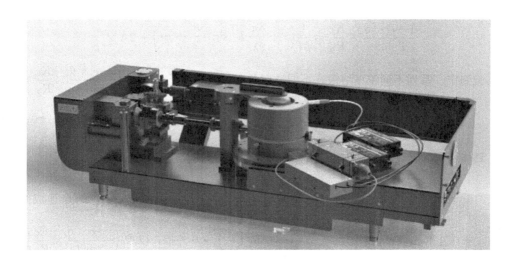

图 3　CGS-3 一体动静态激光光散射仪

四、实验步骤

1. 待测溶液的配制

配制一系列梯度浓度的待测样品溶液，样品量不少于 6 mL。配制样品需用超纯水或者色谱纯溶剂。溶液用滤膜过滤到无尘处理的样品瓶中。样品瓶在放入样品池前用滴有丁酮的镜头纸清洁瓶壁。

2. 折射率和折射率增量的测定

分别测定溶剂的折射率及 5 个不同浓度待测高聚物溶液的折射率 n 和折射率增量 $\partial n/\partial c$，分别用阿贝折射仪和示差折射仪测得。由示差折射仪的位移值 Δn 对浓度 c 作图，求出溶液的折射率增量 $\partial n/\partial c$。

3. 光散射仪操作规程

① 接通电源，打开计算机。开激光，稳定 30 min 至 1 h。开相关器。打开测量软件，仪器开始自检，转臂定位于 25°。

② 在 File 栏可以打开或储存文件，定义文件名和序列号。

③ 在 sample 栏定义样品名，选择溶剂及所需参数。

④ 动态的数据处理：Fit 栏，选择 simple fit 和 regularized fit，输入需要计算的相关函数起始和终止的点数，起始点应放在相关函数的平台上，终止点应超过相关函数衰减部分在基线上。程序可给出平均粒径和粒径分布。

⑤ 选择 standard，给出文件存储的路径和文件名，放入除尘后的甲苯。点击开始测量。测完甲苯后，放入溶剂样品，选择 solvent，给出文件存储的路径和文件名，点击开始测量。放入除尘后的样品，选择 solution，给出文件存储的路径和文件名，输入浓度和 $\partial n/\partial c$ 值，点击开始测量。重复此步骤，依次测量其他浓度样品。

⑥ 静态的数据处理：点击 File→load new file，更改计算参数。此时测量结果已经打开，选择 plot type，选择 q dependence、C dependence，软件可以计算出动态 ZIMM 图的结果。

五、数据处理

1. 记录样品的重均分子量、均方末端距、均方根旋转半径 R_g 和第二维利系数。

2. 形状因子 $\rho=R_g/R_h$ 是与高分子链构象相关的结构参数。$\rho=0.67\sim0.83$ 时，高分子链表现为均匀球状；当 $\rho=1.0\sim1.1$ 时，高分子链为松散链接的超支化链或聚集体；当 $\rho=1.5\sim1.8$ 时，高分子链为柔性无规卷曲链；当 $\rho>2$ 时，高分子链为向外扩展的刚性链。结合同步测量的动态静态光散射结果，计算单一浓度样品的形状因子 ρ，并描述高分子链在溶液中的构象。

六、思考题

1. 光散射测定中，样品为什么要除尘处理？
2. 通过光散射法可以获得哪些有关高分子结构的信息？

实验 33

动态光散射法测定聚合物粒子的粒径及其分布

一、实验目的

1. 了解动态光散射仪的工作原理。
2. 掌握动态光散射仪的使用方法。

二、实验原理

动态光散射（dynamic light scattering，DLS）通过测量光强的波动随时间的变化，能快速准确地测定溶液中大分子或胶体质点的平动扩散系数，从而得知其流体力学半径及其分布，具有测量范围大、测量速度快、样品量小且不破坏不干扰体系原有状态的优点，已经成为纳米科技中比较常用的一种表征方法。动态光散射一般用于测量分散于溶剂中的胶体粒子、胶束、乳液、合成高分子和生物大分子等尺寸在纳米到微米之间的粒子大小及其分布，也可研究它们的扩散。此外，由于尺寸的变化往往伴随粒子某些性质方面的变化，动态光散射还可以跟踪检测一些动态过程。在高分子领域中，动态光散射技术可用于研究大分子链构象及其转变、大分子自组装的形成及其尺寸、聚合物降解及机理，表征大分子及聚集体尺寸和形态等。

动态光散射仪测量光强的波动随着时间的变化规律。如果粒子处于无规则的布朗运动中，则散射光的强度在时间上表现为在平均光强附近的随机涨落，它是由从各个散射粒子发出的散射光场相干叠加而成的。悬浮液中的颗粒由于受到了周围进行布朗运动分子的不断碰撞,而不停进行随机运动,在激光的照射下,运动颗粒的散射光强也将产生随机的波动。波动的频率与颗粒的大小有关,在一定角度下,颗粒越小,涨落越快。动态光散射技术就是通过对这种涨落快慢的测量和分析,得到影响这种变化的颗粒粒径信息。

动态光散射测量系统主要构成如图1所示。颗粒分散悬浮在介质中呈现剧烈的布朗运动,当激光照射到这些运动着的颗粒时,其散射光强随时间产生脉冲。在一定角度下可以检测到光信号,所检测到的信号是多个散射光子叠加后的结果,具有统计学意义。瞬间光强不是固定值,而是在某一平均值下波动,但波动振幅与粒子粒径有关。做布朗运动的粒子速度与粒径(粒子大小)相关。大颗粒运动缓慢,小粒子运动快速。如果测量大颗粒,那么由于它们运动缓慢,散射光斑的强度也将缓慢波动;如果测量小粒子,那么由于它们运动快速,散射光斑的强度将快速波动。通过光强波动变化和光强相关函数可以计算出粒径及其分布。激光器产生的光线经过透镜后会聚在检测池内的样品颗粒上。透镜的焦点位于检测池的内壁,使光线最大程度地在此处集中,避免了高浓度检测时多重散射的产生,通过微孔过滤器可屏蔽掉干扰光线,确保了只有从焦点发出的散射光线才能被检测器检测到。

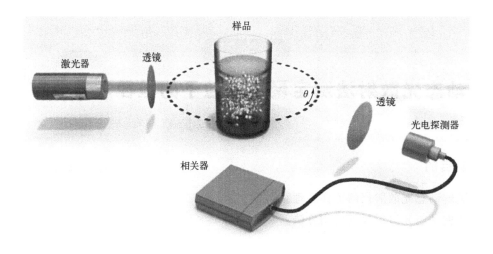

图1 动态光散射系统主要构成

粒度分布系数(particle dispersion index,PDI)体现了粒子粒径均一程度,是粒径表征的一个重要指标。PDI<0.05,是单分散体系,如一些乳液的标样。PDI<0.08,是近单分散体系。PDI=0.08~0.7是适中分散度的体系。PDI>0.7,是尺寸分布非常宽的体系,很可能不适合光散射的方法分析。

三、主要试剂与仪器

1. 试剂:自制高分子溶液(1 mg/mL)。
2. 仪器:0.2 μm孔径滤膜、5 mL医用针管、动态光散射仪(Malvern Zetasizer Nano ZS-90,图2)。动态光散射仪主要由He-Ne激光器、样品池、光电探测器和计算机系统等部分组成,除了测量粒子的粒径,还可测量样品的ζ电势,其粒径测量范围为

0.6 nm～6 μm。测量角度 θ 为 173°；样品池温度可在 2～90 ℃ 范围内调整；所采用的激光波长为 633nm。

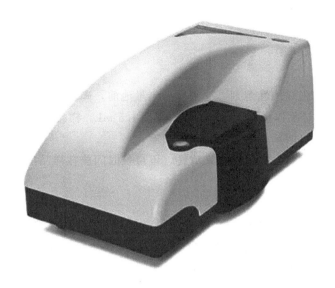

图 2　ZS-90 型动态光散射仪

四、实验步骤

1. 采用标准的石英池作为样品池，使用前用滤过的溶剂淋洗样品池三次以上。用针管吸取样品后，用 0.2 μm 孔径滤膜过滤至样品池中。盖上样品池，以防灰尘进入或溶剂挥发。

2. 开启电脑，双击桌面的图标 DTS（Nano），等待仪器自检（指示灯颜色变为绿色即自检成功），手持样品池上端将其插入样品槽中，带▼符号面朝向测量者。

3. 建立测量条件的存储路径（单击 File→new→磁盘 D→个人数据→个人文件夹）。

4. 测量粒径

① 单击工作栏上的 Measurement→Manual→Measurement，在 Manual-setting 窗口单击 Measurement Type→选择 Size。

② 单击 Labels，输入测量样品名。

③ 单击 Measurement，设置测量温度、测量次数、测量循环次数（通常选 3 次）。

④ 单击 Sample，设置样品参数：单击 Manual 选择 Material Name，单击 Dispersant 选择被分散的介质（通常选 Water）。

⑤ 单击 Cell，选择测量池类型（聚苯乙烯塑料池选 DTS0012 测量池、石英池选 PCS1115 Glass-square aperture）。

⑥ 单击 Result calculation，设置粒径计算模型（通常选 General Purpose）。

⑦ 设置完毕，点击确认，点击 Start 即开始测量。

5. 测量结束，选择 Records View 栏下任一记录条后，单击状态栏上的 Intensity PSD（M）获得光强度粒径分布图，单击 Intensity statistics 获得光强度粒径的统计学分布详表，分别单击 Number 和 Volume 获得数量和体积分布图。

五、数据记录与处理

测试完毕,记录测试条件和测试结果(粒径及分布系数),计算多次测试结果的平均值及其标准偏差。

六、注意事项

1. 禁止使用任何强腐蚀性溶剂。放入样品测量池前,确认池表面无液体残留。
2. 粒径测定最小样品体积≥1 mL,最大体积≤1.5 mL。样品浓度一般为0.1‰~1‰。
3. 样品中若含有机溶剂,请使用石英样品池。
4. 实验结束后及时将样品池拿出来清洗,不可长时间放在样品槽中。

七、思考题

1. 本实验对样品有哪些要求?
2. 连续测试过程中光强的变化(增强、减弱或无规变化)及多次测试结果的 z-均直径发生改变(增长或下降),说明了什么问题?

实验 34

静态和动态热机械分析联用测定聚合物的自由体积分数

一、实验目的

1. 掌握静态热机械分析仪和动态热机械分析仪的使用方法。
2. 了解聚合物自由体积分数的计算方法。

二、实验原理

动态热机械分析(DMA)是在程序控制温度下,对试样施加交变应力(或应变),测量材料的应变(或应力)随温度、时间或者频率响应的热分析方法。动态热机械分析是研究物质的结构及其化学与物理性质常用的方法之一,可用于分析力学松弛和分子运动对温度或频率的依赖性,评价高聚物材料的使用性能,研究材料结构与性能的关系,研究高聚物的相互作用,表征高聚物的共混相容性,研究高聚物的热转变行为等。

静态热机械分析(TMA)的基本原理与热膨胀分析的原理相近,均是测量固体和液体尺寸随温度的变化。静态热机械分析是在程序控温下,利用仪器内部的线性可变差动变压器(LVDT)测量材料因热及机械荷重下所产生的尺寸变化,获得在不同荷重情形(如压力或张力)下,试样的膨胀、拉伸、压缩和弯曲的参数。热机械分析仪的操作模式、测试探头、工作夹具都具有无可比拟的灵活性,同时能够得到灵敏的信号。仪器中的探头由固定在其上面的悬臂梁和螺旋弹簧支撑,通过马力马达对试样施加载荷。当试样长度(即试样管和探头的相对位置)发生变化时,LVDT检测到此变化,则连同温度、应力和应变数据,由热机械分析仪中央处理机收集后送到工作站进行数据分析。热机械分析仪可用于测量与研究聚合物纤维和薄膜的线膨胀系数、热收缩率和收缩力以及相转变行为。

自由体积理论认为液体或固体物质的体积包括两个部分:一部分是被分子占据的占有体积;另一部分是未被分子占据的,即分子间的空隙,称为自由体积。当高聚物冷却时,聚合物的自由体积逐渐减少,降至某一温度时自由体积降到最低值,这时高聚物进入玻璃态。玻璃态时由于链段运动被冻结,自由体积也被冻结。玻璃化转变温度(T_g)以下,聚合物的体积变化主要是由分子振幅、键长等的变化引起的。而在玻璃化转变温度以上,随着温度升高,聚合物的体积膨胀除了分子占有体积的膨胀之外,还有自由体积的膨胀,体积随温度的变化率增大。聚合物的比体积-温度曲线在T_g时发生转折,热膨胀系数在T_g时发生突变。

聚合物材料的许多特性,如力学性能、热学性能、结构相变等和自由体积的变化有关。本实验是利用TMA和DMA联用的方法来测量聚合物的自由体积分数。

三、主要试剂与仪器

1. 试剂:超支化环氧树脂薄膜(厚度≤30mm,直径≤10mm)。

2. 仪器:TA Q400静态热机械分析仪(图1)、TA Q800动态热机械分析仪(实验40)。

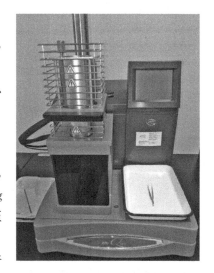

图1 TA Q400静态热机械分析仪

四、实验步骤

1. 若Gas 1连接有吹扫气,首先把钢瓶气体打开,出口压力必须调整至15~20 psi❶。若连接有Cooling Gas,接着把压缩机空气打开,出口压力必须调整至20 psi以内。

2. 打开静态热机械分析仪电源,双击软件并联机。

3. 确认仪器和探头均已校正,点击Probe Up,将样品放到平台上合适的位置,样品不得接触热电偶。

4. 点击Probe Down,使探头接触样品表面。点击Furnace Up/Down关闭炉子。

5. 在Running Queue中新建一个程序,输入样品信息(图2)、存储路径等,选择样品形状。点击Measure,随后样品长度会更改为当前尺寸。

6. 编辑实验程序。可以直接选用模板,也可选自定义模式编辑(图3)。升温速率一般小于5 ℃/min。最大可施加的力:静态实验为1.0 N,膨胀为0.001~0.05 N,穿刺为0.05~0.5 N,薄膜/纤维为0.2~0.4N。使用氮气作为保护和吹扫气体。

---

❶ 1 psi=6.895 kPa。

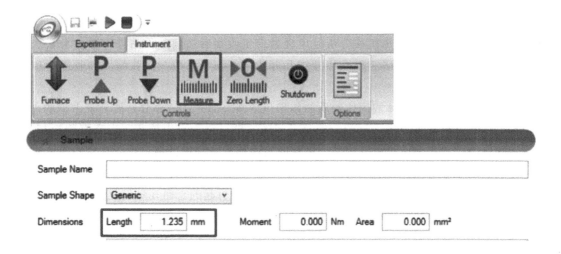

图 2　样品信息

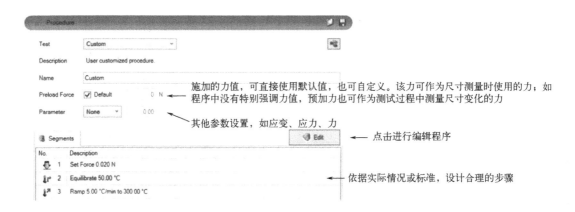

图 3　实验参数设置

7. 点击 Start 开始实验。实验结束后取出样品、探头，更换常规夹具。

8. 数据分析。可在 File Manager 下，在文件整体或某一步骤上点击鼠标右键选择 Send to new graph，即可显示曲线图。

9. 选取部分待分析的曲线，点击鼠标右键选择 Analyze，选择与 CTE 分析相关的功能，随后点击 Show Parameters 修改参数，或直接点击 Accept 接受当前所选定的界限（图 4）。

CTE Signal：可给出 CTE 变化曲线。

Alpha X1 to X2：工程膨胀系数，给出某一温度范围内的整体膨胀系数。

Alpha Fit X1 to X2：平均膨胀系数，给出某一温度范围内线性拟合后的平均膨胀系数。

Alpha at X：单点膨胀系数，给出某一温度下的膨胀系数。

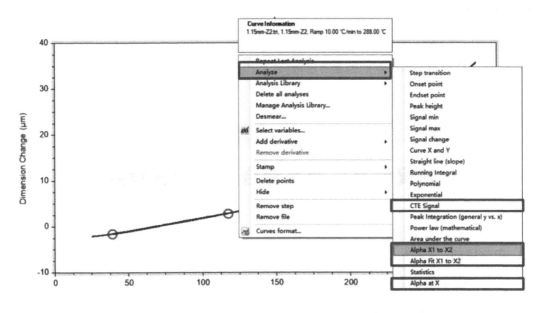

图 4 数据处理

五、数据记录与处理

1. 用 DMA 作不同频率下的 $\tan\delta$-T 的曲线图,得到材料在不同频率下的 T_g。
根据自由体积理论的 WLF 方程:

$$\frac{1}{\lg\dfrac{f}{f_r}} = \frac{c_2}{c_1}\left(\frac{1}{T_g - T_g^r}\right) + \frac{1}{c_1} \tag{1}$$

式中,f_r 是 1 Hz 时的频率;f 是 DMA 测试中的实际频率;c_1 和 c_2 是与材料有关的经验常数;$\dfrac{c_2}{c_1}$ 是斜率。用 $\dfrac{1}{\lg\dfrac{f}{f_r}}$ 对 $\dfrac{1}{T_g - T_g^r}$ 作图,记录不同频率下的 T_g 和 $\dfrac{c_2}{c_1}$ 的值。

2. 根据自由体积理论,聚合物的自由体积分数 f_g、玻璃态线膨胀系数和橡胶态的线膨胀系数的差值 $\Delta\alpha$,以及 c_1 和 c_2 之间的关系如下:

$$c_1 = \frac{B}{2.303 f_g} \quad c_2 = \frac{f_g}{\Delta\alpha}$$

$$f_g = \sqrt{\frac{\Delta\alpha \cdot B \cdot \dfrac{c_2}{c_1}}{2.303}} \tag{2}$$

B 为常数 1,将 $\dfrac{c_2}{c_1}$ 的值代入上式可以得到 T_g 以下的自由体积分数。

$$f = f_g + \Delta\alpha(T - T_g) \tag{3}$$

根据式(3)可以得到 T_g 以上的自由体积分数。

六、思考题

1. TMA 和 DMA 有什么区别？
2. 影响聚合物自由体积的因素有哪些？

实验 35

浊度滴定法测定聚合物的溶度参数

一、实验目的

1. 掌握用浊度滴定法测定聚合物的溶度参数的方法。
2. 了解溶度参数的基本概念和实用意义。
3. 了解影响聚合物溶解过程的因素及溶剂的选择。

二、实验原理

高聚物的溶度参数常被用于判别聚合物与溶剂的互溶性，对于选择高聚物的溶剂或稀释剂有着重要的参考价值。低分子化合物低溶度参数一般是从汽化热直接测得，高聚物由于其分子间的相互作用能很大，欲使其汽化较困难，往往未达沸点已先裂解。所以聚合物低溶度参数不能直接从汽化能测得，而是用间接方法测定。常用的有平衡溶胀法（测定交联聚合物）、浊度法、黏度法等。

本实验采用浊度滴定法。在二元互溶体系中，只要某聚合物定溶度参数 δ_p 在两个互溶溶剂的 δ 值的范围内，便可能调节这两个互溶混合溶剂的溶度参数（δ_{sm}），使 δ_{sm} 值和 δ_p 很接近。两个互溶溶剂按照一定的百分比配制成混合溶剂，该混合溶剂的溶度参数 δ_{sm} 可近似地表示为：

$$\delta_{sm} = \Phi_1 \delta_1 + \Phi_2 \delta_2 \tag{1}$$

式中，Φ_1、Φ_2 分别表示溶液中组分 1 和组分 2 的体积分数。

浊度滴定法是将待测聚合物溶于某一溶剂中，然后用沉淀剂（能与该溶剂混溶）来滴定，直至溶液开始出现浑浊为止。这样，便得到在浑浊点混合溶剂的溶度参数 δ_{sm} 值。

聚合物溶于二元互溶溶剂的体系中，允许体系的溶度参数有一个范围。本实验选用两种具有不同溶度参数的沉淀剂来滴定聚合物溶液，这样得到溶解该聚合物混合溶剂参数的上限和下限，然后取其平均值，即为聚合物的 δ_p 值。

$$\delta_p = \frac{1}{2}(\delta_{mh} + \delta_{ml}) \tag{2}$$

式中，δ_{mh} 和 δ_{ml} 分别为高、低溶度参数的沉淀剂滴定聚合物溶液，在浑浊点时混合溶剂的溶度参数。

三、主要试剂与仪器

1. 试剂：聚苯乙烯、氯仿、正戊烷、甲醇。氯仿、正戊烷、甲醇的溶度参数分别为 18.85 $J^{1/2}/cm^{3/2}$、14.32 $J^{1/2}/cm^{3/2}$、29.22 $J^{1/2}/cm^{3/2}$。

2. 仪器：10 mL 滴定管两个，大试管（25mm×200mm）6 个，2 mL 和 5 mL 移液管各一支，50 mL 烧杯一个。

四、实验步骤

1. 溶剂和沉淀剂的选择

首先确定聚合物样品溶度参数 δ_p 的范围。取少量样品，在不同 δ 的溶剂中做溶解实验，在室温下如果不溶或溶解较慢，可以把聚合物和溶剂一起加热，并把热溶液冷却至室温，以不析出沉淀才认为是可溶的。从中挑选合适的溶剂和沉淀剂。

2. 聚合物溶液的配制及滴定

① 称取 0.2 g 左右的聚合物样品（本实验采用聚苯乙烯）溶于 25 mL 的溶剂中（用氯仿作溶剂）。用移液管吸取 5.0 mL 溶液，置于试管中，用甲醇滴定聚合物溶液，出现沉淀后，振荡试管，使沉淀溶解。继续滴入甲醇，沉淀逐渐难以振荡溶解。滴定至出现的沉淀刚好无法溶解为止，记下用去的甲醇的体积。

② 用移液管另外吸取 2.0 mL 聚合物溶液，置于试管中，用正戊烷滴定至浑浊点，记下用去的正戊烷的体积。

③ 分别称取 0.2 g、1.0 g 左右的上述聚合物样品，溶于 25 mL 的溶剂中，同上操作进行滴定。

五、数据记录与处理

1. 将结果列入表 1 中。

表 1 实验数据记录及处理

实验序号	聚合物溶液（氯仿作溶剂）体积/mL	正戊烷用量/mL	聚合物溶液（氯仿作溶剂）体积/mL	甲醇用量/mL
1	2.00		5.00	
2	2.00		5.00	
3	2.00		5.00	

2. 根据式（1）计算混合溶剂的溶度参数 δ_{mh} 和 δ_{ml}。

3. 由式（2）计算聚合物的溶度参数 δ_p。

六、注意事项

1. 滴定操作前注意滴定管的检漏、滴定管下端气泡的排出。
2. 滴定管读数需小组成员逐一仔细核查。

3. 和酸碱滴定类比，本实验中的溶质聚苯乙烯其实相当于酸碱滴定中的指示剂，而溶剂相当于酸碱滴定中的酸或碱。故实验中溶液体积要准确量取，要杜绝引入额外溶剂，实验中用到的试管、滴定管、移液管、烧杯等玻璃仪器均不能沾水。

七、思考题

1. 简述溶度参数的物理意义及测定方法。
2. 用浊度法测定聚合物溶度参数时，应根据什么原则选择适当的溶剂及沉淀剂？

实验 36

膨胀计法测定聚合物的玻璃化转变温度

一、实验目的

1. 掌握膨胀计法测定聚合物玻璃化转变温度的方法。
2. 了解升、降温速率对玻璃化转变温度的影响。
3. 理解玻璃化转变的自由体积理论。

二、实验原理

聚合物的玻璃化转变对非晶态聚合物而言，是指玻璃态到高弹态之间的转变，对晶态聚合物来说是指其中非晶部分的这种转变。玻璃化转变温度（T_g）是聚合物的特征温度之一，也是高分子链柔性的指标。从工艺角度来看，T_g 是非晶态热塑性塑料（如 PS、PMMA、硬质 PVC 等）使用温度的上限，是橡胶使用温度的下限。聚合物发生玻璃化转变时，除了模量等力学性质发生明显变化外，许多物理性质，如比体积、膨胀系数、比热容、热导率、密度、折射率、介电系数等也都有很大变化。所以，原则上所有在玻璃化转变过程发生突变或不连续变化的物理性质，都可以用来测定聚合物的玻璃化转变温度。

聚合物的玻璃化转变现象是一个极为复杂的现象，它的本质至今还未被完全了解。对于玻璃化转变现象，主要有三种理论：自由体积理论、热力学理论和动力学理论。自由体积理论认为，在玻璃态下，由于链段运动被冻结，自由体积也被冻结了，聚合物随温度升高而发生的膨胀，只是由正常的分子膨胀过程造成的。当自由体积分数达到一临界下限值时（2.5%），链段运动正好发生。在 T_g 以上，除了正常的分子膨胀过程外，还有自由体积的膨胀，因此高弹态的膨胀系数比玻璃态的膨胀系数大。图 1 为聚苯乙烯的比容-温度曲线，从中可以看出在 T_g 处，曲线的斜率值发生了明显的变化。

由于在玻璃化转变时，除了体积膨胀系数外，聚合物的热容和压缩系数也发生不连续的变化，而这些量正好是 Gibbs 自由能的二级偏导数。玻璃化转变有时也被称作二级转变，T_g 被称为二级转变点。许多实验事实表明，玻璃化转变过程没有达到真正的热力学平衡，T_g 依赖于测定方法和升温或降温速率，例如升温速率慢，T_g 较低；升温速率快，T_g 较高。即链段运动对外界变化的响应达不到平衡，是一个速率过程。这些是由高分子运动特点所决定的。从分子运动观点看，高分子的运动单元在运动时所受到的内摩擦力较大，因此高分子的运动过程是一个弛豫过程，即在一定的外界条件下，聚合物从一种平衡态通过分子的运动达到新的平衡态可能需要较长的时间，并且不同大小的运动单元具有不同的弛豫时间。

用膨胀计直接测量聚合物的体积随温度的变化，以体积变化对温度作图，从曲线的两个直线段外推得一交点，此交点对应的温度即为该聚合物的玻璃化转变温度 T_g。由于观察到的玻璃化转变不是热力学平衡过程，而是一个松弛过程，因此 T_g 值的大小和测试条件有关。图 2 为快速冷却和缓慢冷却时聚乙酸乙烯酯的比容-温度曲线。从图中可以看出，降温速率越快，T_g 越是向高温方向移动。根据自由体积理论，在降温过程中，分子通过链段运动进行位置调整，多余的自由体积腾出并逐渐扩散出去，因此在聚合物冷却，体积收缩时，自由体积也在减少。考虑到黏度随温度的降低而增大，这种位置的调整不能及时进行，所以聚合物的实际体积总比该温度下的平衡体积大，表现在比容-温度曲线上在 T_g 处发生转折。降温速率越快，聚合物的实际体积就比该温度下的平衡体积大得越多，比容-温度曲线转折得越早，T_g 就偏高。反之，降温速率太慢，则测得 T_g 偏低，以至于测不到 T_g。升温速率对 T_g 的影响也是如此。T_g 的大小还和外力有关：单向的外力能促使链段运动，外力越大，T_g 降低就越多；外力的频率变化引起玻璃化转变点的变化，频率增加，则 T_g 升高，所以作为静态法的膨胀计法比动态法测定的 T_g 要低一些。除了外界条件的影响外，T_g 主要受到聚合物本身化学结构的支配，同时也受到其他结构因素的影响，例如共聚、交联、增塑以及分子量等。

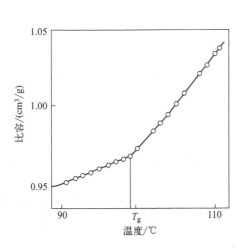

图 1　无规聚苯乙烯的比容-温度曲线

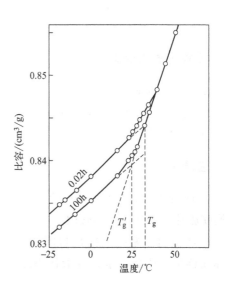

图 2　聚乙酸乙烯酯的比容-温度曲线

三、主要试剂与仪器

1. 试剂：颗粒状尼龙 6、丙三醇。

2. 仪器：膨胀计（图3）、水浴加热器、温度计、烧杯、玻璃棒。

四、实验步骤

1. 洗净膨胀计，烘干。将适量尼龙6置于小烧杯中，缓慢倒入丙三醇使尼龙6全部均匀浸润，用玻璃棒轻轻搅动，避免产生气泡。

2. 将浸有丙三醇的尼龙6加入到玻璃膨胀计样品管中，尽量多加固体尼龙6，如有气泡可用细针头挑出，液面略高于磨口下端。

3. 插入毛细管，使丙三醇的液面升入毛细管柱的下部，液面在刻度以上，但不高于刻度10 cm，否则要重装毛细管。调整好液柱高度，磨口接头用皮筋固定。

4. 将装好的膨胀计浸入水浴中，垂直夹紧，防止样品管接触水浴锅底。

5. 控制水浴升温速率为 1 ℃/min。读取水浴温度和毛细管内丙三醇液面的高度（在25～60 ℃之间每升温 2 ℃读数一次），直到60 ℃为止。

6. 用毛细管内液面高度对水浴温度作图，从两直线段分别外延，交点即为该升温速率下尼龙6的玻璃化转变温度 T_g 值。

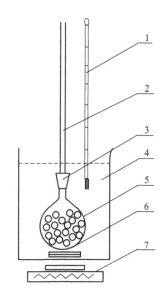

图3　膨胀计
1—温度计；2—带刻度毛细管；3—标准磨口；
4—水浴；5—玻璃膨胀计样品管；
6—磁力搅拌；7—加热装置

五、数据记录与处理

1. 记录升温速率和测试时间。

2. 记录水浴温度 T 和毛细管液面升高的高度 h，并以 h 对 T 作图，求出升温速率为 1 ℃/min 时尼龙6的 T_g 值。

六、注意事项

1. 仔细观察毛细管内液柱高度是否稳定，如果液柱不断下降，说明磨口密封不良，应换膨胀计，并注意毛细管内不留气泡。

2. 测量时，常把试样在封闭体系中加热或冷却，体积的变化通过填充液体的液面升降而读出，因此要求这种液体不能和聚合物发生反应，也不能使聚合物溶解或溶胀。

七、思考题

1. 测定聚合物玻璃化转变温度的实验方法还有哪几种？它们各自的原理是什么？

2. 从自由体积理论出发，分析升降温速率对实验结果的影响。

实验 37

聚合物的热重分析

一、实验目的

1. 了解热重分析法在高分子领域的应用。
2. 掌握热重分析仪的工作原理及操作方法，学会用热重分析法测定聚合物的热分解温度（T_d）。

二、实验原理

热重分析（thermogravimetry，TG）是以恒定速度加热试样，同时连续测定试样的失重的一种动态方法。此外，也可在恒定温度下，将失重作为时间的函数进行测定。TG 可以研究各种气氛下高聚物的热稳定性和热分解行为，测定水分、挥发物、增塑剂和残渣；测定水解和吸湿性，吸附和解吸，汽化速度和汽化热，升华速度和升华热，氧化降解，缩聚高聚物的固化程度；测定共聚物、有填料的高聚物或掺和物的组成；研究固相反应；等等。因为高聚物的热谱图具有一定的特征性，它也可用于定性鉴定。

热重分析实验中，影响 TG 曲线的因素基本上可分为两类：第一类是仪器因素，包括升温速率、气氛、支架、加热炉的几何形状、电子天平的灵敏度以及坩埚材料；第二类是样品因素，包括样品量、反应放出的气体在样品中的溶解性、粒度、反应热、样品装填、导热性等。

现代热重分析仪一般由 4 部分组成，分别是电子天平、加热炉、程序控温系统和数据处理系统。通常，热重分析谱图是由试样的质量残余率 Y（%）对温度 T 的曲线（称为热重曲线，TG）或试样的质量残余率 Y（%）随时间的变化率 dY/dt（%/min）对温度 T 的曲线（称为微分热重曲线，DTG）组成，见图 1。

图 1 显示开始时由于试样残余小分子物质的热解吸，试样有少量的质量损失，损失率为 $(100-Y_1)\%$；经过一段时间的加热后，温度升至 T_1，试样开始出现大量的质量损失，直至 T_2，损失率达 $(Y_1-Y_2)\%$；在 T_2 到 T_3 阶段，试样存在着其他的稳定相；随着温度的继续升高，试样进一步分解。图中 T_1 称为分解温度，有时取 C 点的切线与 AB 延长线相交处的温度 T_1' 作为分解温度，后者数值偏高。

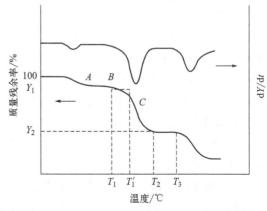

图 1 热重分析谱图

热重分析在高分子科学中有着广泛的应用。例如,高分子材料热稳定性的评定,共聚物和共混物的分析,材料中添加剂和挥发物的分析,水分的测定,材料氧化诱导期的测定,固化过程分析,以及使用寿命的预测等。

三、主要试剂与仪器

1. 试剂:聚丙烯。
2. 仪器:美国 TA 公司热重分析仪(图 2)。

图 2　热重分析仪

四、实验步骤

1. 提前 1 h 检查恒温水浴的水位,保持液面低于顶面 2 cm。打开面板上的上下两个电源,启动运行,并检查设定的工作模式。设定的温度值应比环境温度约高 3 ℃。

2. 按顺序依次打开显示器、电脑主机、仪器测量单元、控制器以及测量单元电子天平的电源开关。

3. 确定实验用的气体(一般为 N_2),调节输出压力(0.05~0.1 MPa),在测量单元上手动测试气路的通畅,并调节好相应的流量。

4. 从电脑桌面上打开测量软件。打开炉盖,确认炉体中央的支架不会碰壁时,按面板上的"UP"键,将其升起,放入选好的空坩埚,确认空坩埚在炉体中央支架上的中心位置后,按面板上的"DOWN"键,将其降下,并盖好炉盖。

5. 新建基线文件:打开一个空白文件,选择"修正",打开温度校正文件,输入起始温度、终止温度和升温速率。

6. TG 曲线的测量:待上一程序正常结束,冷却至 80 ℃ 以下时,打开加热炉,取出坩埚(同样要注意支架的中心位置)。放入约 5 mg 样品后打开新建的"基线文件",在弹出的"测量类型"窗口中,点"样品+修正",并输入样品编号、样品名称和样品质量,设置好起始温度和升温速率,点击"开始"。

7. 数据处理:程序正常结束后会自动存储,可打开分析软件对结果进行数据处理。

8. 待温度降至 80 ℃以下时,打开炉盖,取出坩埚。

9. 按顺序依次关闭软件和退出操作系统,关闭电脑主机、显示器、仪器控制器、天平和测量单元电源。

10. 关闭恒温水浴面板上的运行开关和上下两个电源开关,关闭所用气瓶的高压总阀。

五、数据记录与处理

打印热重分析谱图,分析试样的分解温度(T_d)。

六、思考题

1. 热重分析实验结果的影响因素有哪些?
2. 研究聚合物的 TG 曲线有什么实际意义?如何才具有可比性?
3. 讨论 TGA 在高分子科学中的主要应用。
4. 有一个二氧化硅/聚苯乙烯复合粒子样品,升温至 600 ℃后,TG 曲线上最终重量为起始的 7.5%,是否意味着聚苯乙烯没有完全分解?

实验 38

聚合物温度-形变曲线的测定

一、实验目的

1. 掌握测定聚合物温度-形变曲线的方法。
2. 测定聚甲基丙烯酸甲酯(PMMA)的玻璃化转变温度和黏流温度,加深对线型非晶聚合物的三种力学状态的理论认识。
3. 掌握等速升温控制和用于形变测量的差动变压器。

二、实验原理

聚合物试样上施加恒定荷载,在一定范围内改变温度,试样形变将随温度的变化而变化。以形变或相对形变对温度作图所得的曲线,通常称为温度-形变曲线。

材料的力学性质是由其内部结构通过分子运动所决定的。测定温度-形变曲线,是研究聚合物力学性质的一种重要的方法。聚合物的许多结构因素(包括化学结构、分子量、结晶、交联、增塑和老化等)的改变,都会在其温度-形变曲线上有明显的反映。测定温度-形变曲线,可以提供许多关于试样内部结构的信息,了解聚合物分子运动与力学性能的关系,并可分析聚合物的结构形态,如结晶、交联、增塑、分子量等,可以得到聚合物的特性转变温度,如玻璃化温度 T_g、黏流温度 T_f 和熔点等,对于评价被测试样的使用性能、确定适用温度范围和选择加工条件具有实际意义。

高分子运动单元具有多重性,它们的运动又具有温度依赖性,所以在外力恒定的不同温度下,聚合物链段呈现完全不同的力学特征。对于线型非晶聚合物有三种不同的力学状态:玻璃态,高弹态,黏流态。温度足够低时,高分子链和链段的运动被"冻结",外力的作用只能引起高分子键长和键角的变化,因此聚合物的弹性模量大,形变-应力的关系服从胡克定律,其机械性能与玻璃相似,表现出硬而脆的物理机械性质,这时聚合物处于玻璃态。在玻璃态温度区间内,聚合物的这种力学性质变化不大,因而在温度-形变曲线上玻璃区是接近横坐标的斜率很小的一段直线(图1);随着温度的上升,分子热运动能量逐渐增加,到达玻璃化转变温度 T_g 后,分子运动能量已经能够克服链段运动所需克服的势垒,链段开始运动。这时聚合物的弹性模量骤降,形变量大增,表现为柔软而富于弹性的高弹体,聚合物进入高弹态,温度-形变曲线急剧向上弯曲,随后基本维持在一"平台"上。温度进一步升高至黏流温度 T_f,整个高分子链能够在外力作用下发生滑移,聚合物进入黏流态,成为可以流动的黏液,产生不可逆的永久形变。在温度-形变曲线上表现为形变急剧增加,曲线向上弯曲。

玻璃态与高弹态之间的转变温度就是玻璃化转变温度 T_g,高弹态与黏流态之间的转变温度就是黏流温度 T_f。前者是塑料的使用温度上限,橡胶类材料的使用温度下限,后者是成型加工温度的下限。

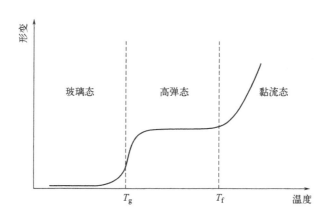

图 1 非晶线型高聚物的温度-形变曲线

并不是所有非晶高聚物都一定具有三种力学状态,如聚丙烯腈的分解温度低于黏流温度而不存在黏流态。此外结晶、交联、添加增塑剂都会使得 T_g、T_f 发生相应的变化。非晶高聚物的分子量增加会导致分子链相互滑移困难,松弛时间增长,高弹态平台变宽和黏流温度增高。结晶聚合物的晶区,高分子受晶格的束缚,链段和分子链都不能运动,当结晶度足够高时试样的弹性模量很大,在一定外力作用下,形变量小,其温度-形变曲线在结晶熔融之前是斜率很小的一段直线,温度升高到结晶熔融时,晶格瓦解,分子链和链段都突然活动起来,聚合物直接进入黏流态,形变急剧增大,曲线突然转折向上弯曲。当在聚合物中加入增塑剂后,使聚合物分子间的作用力减小,分子间运动空间增大,这样使得整个分子链更容易运动，试样的玻璃化转变温度和黏流温度都下降。

交联高聚物的分子链由于交联不能够相互滑移，不存在黏流态。轻度交联的聚合物由于网络间的链段仍可以运动，因此存在高弹态、玻璃态。高度交联的热固性塑料则只存在玻璃态一种力学状态。增塑剂的加入，使高聚物分子间的作用力减小，分子间运动空间增大，从而使得样品的 T_g 和 T_f 都下降。

由于力学状态的改变是一个松弛过程，因此 T_g、T_f 往往随测定的方法和条件而改变。例如测定同一种试样的温度-形变曲线时，所用荷重的大小和升温速率快慢不同，测得的 T_g 和 T_f 不一样。随着荷重增加，T_g 和 T_f 将降低；随着升温速率增大，T_g 和 T_f 都向高温方向移动。为了比较多次测量所得的结果，必须采用相同的测试条件。

本实验使用 RJY-1 型热机械分析仪进行测量。仪器包括炉体、温度控制和形变测量系统三个部分。温度控制采用可变电压式等速升温装置，它由两个自耦式调压变压器（简称调压器）和一个微型同步电机经过简单装配而成，原理如图 2 所示。

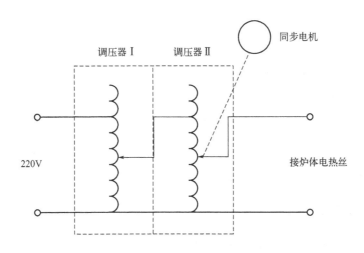

图 2　可变电压式等速升温装置原理

调压器Ⅰ输入端接 220V 交流电源，其输出端与调压器Ⅱ的输入端接通，调压器Ⅱ的输出端接炉体的电热丝，因调压器Ⅱ由同步电机带动，使加在炉丝上的电压逐渐升高，用以补偿炉温升高后逐渐增加的散热量，从而维持恒定的升温速率。使用时根据需要的升温速率和散热状况，选择两个调压器的适当的起始电压值，可以得到相当满意的升温线性。温度测量内安装在炉内试样附近的镍铬-镍硅热电偶为感温元件，输出的温差电动势信号直接送记录仪记录。形变测量系统采用差动变压器作为位移传感器，将试样发生形变引起的顶杆位移信号转变成电信号，经整流变成直流电压信号后，送记录仪形变记录笔记录。

三、主要试剂与仪器

1. 试剂：PMMA 薄片。
2. 仪器：RJY-1 型热机械分析仪。

四、实验步骤

1. 正确连接好全部测量线路，经检查后，接通形变仪和记录仪电源，预热至仪器稳定。

2. 将天平控制单元量程开关置短路挡。

3. 将控温方式按钮和温度速率按钮复位，截取厚度约 1 mm 的 PMMA 薄片一小块为试样，试样两端面要平行，用游标卡尺测量试样厚度。将试样安放在炉内样品台上，让压杆触头压在试样的中央，旋动差动变压器支架的螺丝，调节记录仪形变记录笔的零点。

4. 取出试样，观察记录仪形变记录笔的平衡点移动，这时平衡点以接近满刻度为宜。移动量不足或过大时，须重新调整形变仪灵敏度。

5. 重新放好试样，关闭炉子，将形变记录笔调至零点右侧附近。

6. 根据升温速率 3～5 ℃/min 的要求，适当选择等速升温装置两个调压器的电压，同时选择好走纸速度。然后接通电源开始等速升温，确定温度程序控制步骤，进行升温（降温，恒温，循环）的操作。

7. 放下形变记录笔开始自动记录温度和形变，直至温度升到 200 ℃（测量其他试样时温度应另行确定），切断升温装置电源，抬起记录笔，打开炉子。

8. 待炉子冷却后，清理样品台和压杆触头，改变测量条件，重复上述步骤，进行二次测量。

9. 切断全部电源，拆下压杆和砝码，清除试样残渣，用台秤称量压杆和砝码的质量，用游标卡尺测量压杆触头的直径，然后把仪器复原。

五、数据记录与处理

1. 从温度-形变曲线上求得聚甲基丙烯酸甲酯 T_g、T_f。

2. 计算平均升温速率。

3. 根据压杆和砝码的质量以及压杆触头的截面积计算压杆所受的压缩应力（MPa）。

六、注意事项

1. 接通电源后，按 SELE 键 3 s 后出现 roff，然后键入 ^ 键 3 s 出现 RUN，然后再按一下 SELE 键，炉子开始升温。

2. 如果没有走纸记录仪，可于炉子升温至 40 ℃ 时开始每隔 2 ℃ 记录数据，直至 200 ℃ 为止。

七、思考题

1. T_g、T_f 随测定的方法和条件改变的一般规律是什么？
2. 由温度-形变曲线得到的 T_g 与膨胀计法测得的 T_g 是否相同，为什么？
3. 线型非晶高聚物的温度-形变曲线与分子运动有什么内在联系？
4. 研究高聚物温度-形变曲线有什么理论与实际意义？
5. 为什么黏流转变点曲线的转折没有玻璃化转变陡？

实验 39

聚合物的热谱分析（差示扫描量热法）

一、实验目的

1. 了解差示扫描量热法的原理。
2. 掌握用差示扫描量热法测定聚合物 T_g、T_c、T_m、X_C 的方法。

二、实验原理

差热分析（differential thermal analysis，DTA）是在程序控制温度下，测量物质与参比物之间的温度差与温度关系的一种技术。试样在升（降）温过程中，发生吸热或放热，在差热曲线上就会出现吸热或放热峰。试样发生力学状态变化时（如玻璃化转变），虽无吸热或放热，但比热有突变，在差热曲线上表现为基线的突然变动。在 DTA 基础上增加一个补偿加热器而成的另一种技术是差示扫描量热法（differential scanning calorimetry，DSC）。DSC 直接反映试样在转变时的热量变化，便于定量测定，而且分辨率和重现性也比 DTA 好，灵敏度和精确度更高，试样用量更少，广泛应用于研究聚合物相转变。可测定聚合物结晶温度（T_c）、熔点（T_m）、结晶度（X_C）、结晶动力学参数、玻璃化转变温度（T_g）等；研究聚合、固化、交联、氧化、分解等反应，测定反应热、反应动力学参数等。

图 1 是聚合物 DSC 曲线的示意图。当温度达到玻璃化转变温度 T_g 时，试样的热容增大就需要吸收更多的热量，使基线发生位移。假如试样是能够结晶的，并且处于过冷的非晶状态，那么在 T_g 以上可以进行结晶，同时放出大量的结晶热而产生一个放热峰。进一步升温，结晶熔融吸热，出现吸热峰。再进一步升温，试样可能发生氧化、交联等反应而

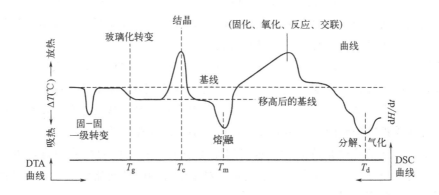

图 1 聚合物 DSC 曲线示意图

放热,出现放热峰,最后试样则发生分解、气化,出现吸热峰。当然并不是所有的聚合物试样都存在上述全部物理变化和化学变化。

确定 T_g 的方法:由玻璃化转变前后的直线部分取切线,再在实验曲线上取一点,如图 2(a),使其平分两切线间的距离 Δ,这一点所对应的温度即为 T_g。T_m 的确定:对低分子量纯物质来说,像苯甲酸,如图 2(b) 所示,由峰的前部斜率最大处作切线与基线延长线相交,此点所对应的温度为 T_m;也可取峰顶温度作为 T_m,如图 2(c) 所示。T_c 通常也是取峰顶(谷)温度。

峰(谷)面积的取法如图 2(d)、(e) 所示。可用求积仪或数格法、剪纸称重法量出面积。如果峰前峰后基线基本呈水平,峰对称,其面积为峰高乘半峰宽,半峰宽是二分之一峰高处的峰宽 Δt_f,即 $A = h \times \Delta t_f$,见图 2(f)。

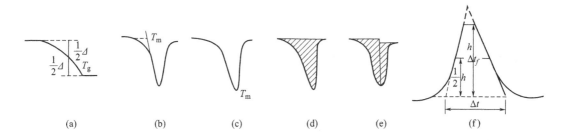

图 2 T_g、T_m 和峰面积的计算

有了峰(谷)的面积(A)后就能求得过程的热效应。DSC 中峰(谷)的面积大小直接和试样放出(吸收)的热量有关:$\Delta Q = KA$,系数 K 可用标准物确定;由 K 值和测试试样的质量、峰面积可求得试样的熔融热 ΔH_f(J/mg),若百分之百结晶的试样的熔融热 ΔH_f^* 是已知的,则可按下式计算试样的结晶度:

$$结晶度\ X_C = \Delta H_f / \Delta H_f^* \tag{1}$$

DTA、DSC 的原理和操作都比较简单,但要取得精确的结果却很不容易,因为影响的因素太多了。这些因素有仪器因素、试样因素、气氛、加热速率等。这些因素都可能影响峰的形状、位置,甚至出峰的数目。一般说来,上述因素对受扩散控制的氧化、分解反应的影响较大,而对相转变的影响较小。在进行实验时,一旦仪器已经选定,仪器因素也就基本固定了,所以下面仅对试样等因素略加叙述。

试样因素:试样量少,峰少而尖锐,峰的分辨率好;试样量多,峰大而宽,相邻峰会发生重叠,峰的位置移向高温方向。在测 T_g 时,热容变化小,试样的量要适当多一些。试样的量和参比物的量要匹配,以免因两者热容相差太大引起基线漂移。试样的粒度对那些表面反应或受扩散控制的反应影响较大,粒度小,使峰移向低温方向。

气氛影响:气氛可以是静态的,也可以是动态的,就气体的性质而言,可以是惰性的,也可以是参加反应的,视实验要求而定。对于聚合物的玻璃化转变和相转变测定,气氛影响不大,一般都采用氮气。

升温速率:升温速率对 T_g 测定影响较大。因为玻璃化转变是一个松弛过程,升温速率太慢,转变不明显,甚至观察不到;升温速率快,转变明显,T_g 移向高温。升温速率

对 T_m 影响不大,但有些聚合物在升温过程中会发生重组、晶体完善,使 T_m 和结晶度都提高。升温速率对峰的形状也有影响,升温速率慢,峰尖锐;升温速率快,基线漂移大。

三、主要试剂与仪器

1. 试剂:聚乙烯、聚对苯二甲酸乙二醇酯等,参比物为 α-Al_2O_3。
2. 仪器:美国 TA 公司差示扫描量热仪(图 3)。

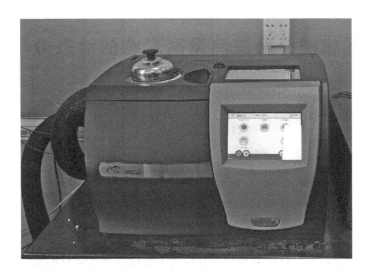

图 3 差示扫描量热仪

四、实验步骤

1. 打开氮气阀,调节压力约 0.2 MPa,开启电脑和 DSC 主机,预热半小时。
2. 准确称量 5 mg 样品于坩埚中,用压片机压制。将放入样品的铝坩埚放入仪器中。
3. 打开测试软件,建立新的测试窗口和测试文件。设定升温范围、升温时间、吹扫气、升温速率等相关参数。
4. 开始测试,同时软件开始采集曲线。
5. 测量结束后,用电脑软件对结果进行分析。

五、数据记录与处理

由 DSC 曲线确定样品的玻璃化转变温度、结晶温度及熔点,并求其熔融热。

六、注意事项

1. 测试过程中尽量避免样品在炉内分解,测试的终点温度要低于样品的分解温度,否则会污染甚至损坏炉子。
2. 定期对基线进行校准。

七、思考题

1. DSC 的基本原理是什么？在聚合物的研究中有哪些用途？
2. 在 DSC 谱图上怎样辨别 T_m、T_c、T_g？

实验 40

动态热机械分析法测量高聚物的动态力学性能

一、实验目的

1. 了解动态热机械分析法（DMA）的测量原理及仪器结构。
2. 了解影响 DMA 实验结果的因素，正确选择实验条件。
3. 掌握 DMA 试样制备方法及测量步骤；了解 DMA 在聚合物分析中的应用。

二、实验原理

在周期性外力作用下，对样品的应变和应力关系随温度等条件的变化进行分析，即为动态力学分析。动态力学分析能得到聚合物的动态模量（E'）、损耗模量（E''）和力学损耗（$\tan\delta$）。这些物理量是决定聚合物使用特性的重要参数。同时，动态力学分析对聚合物分子运动状态的反应也十分灵敏。考察模量和力学损耗随温度、频率以及其他条件的变化的特性可得到聚合物结构和性能的许多信息，如阻尼特性、相结构及相转变、分子松弛过程、聚合反应动力学等。

高聚物是黏弹性材料之一，具有黏性和弹性固体的特性。它一方面像弹性材料具有贮存机械能的特性，这种特性不消耗能量；另一方面，它又像非牛顿流体静应力状态下的黏液，会损耗能量而不能贮存能量。当高分子材料形变时，一部分能量变成位能，一部分能量变成热而损耗，即内耗。内耗源于材料内部的力学阻尼或内摩擦，不仅是评价材料性能的指标，也决定了其在工业上的应用和使用环境。

如果一个外应力作用于一个弹性体，产生的应变正比于应力，符合胡克定律，比例常数就是该固体的弹性模量。形变时产生的能量由物体贮存起来，除去外力物体恢复原状，贮存的能量又释放出来。如果外应力是一个周期性变化的力，且产生的应变与应力同位相，则也没有能量损耗。如果外应力作用于完全黏性的液体，液体产生永久形变，在这个过程中消耗的能量正比于液体的黏度，应变落后于应力 90°。聚合物对外力的响应是弹性和黏性两者兼有，这种黏弹性是由于外应力与分子链间相互作用，而分子链倾向于排列成最低能量的构象。在周期性应力作用的情况下，这些分子重排跟不上应力变化，造成了应变落后于应力，而使一部分能量损耗。正弦应变落后一个相位角。应力和应变可以用复数形式表示如下。

$$\sigma^* = \sigma_0 \exp(i\omega t) \tag{1}$$

$$\gamma^* = \gamma_0 \exp[i(\omega t - \delta)] \tag{2}$$

式中，σ_0 和 γ_0 分别为应力和应变的振幅；ω 是角频率；i 是虚数。用复数应力 σ^* 除以复数形变 γ^*，便得到材料的复数模量。模量可能是拉伸模量和切变模量等，这取决于所用力的性质。为了方便起见，将复数模量分为两部分，一部分与应力同位相，另一部分与应力差一个 90°的相位角。对于复数切变模量

$$E^* = E' + iE'' \tag{3}$$

式 (3) 中 $E' = |E^*|\cos\delta$，$E'' = |E^*|\sin\delta$。

显然，与应力同位相的切变模量给出样品在最大形变时弹性贮存模量，而有相位差的切变模量代表在形变过程中消耗的能量。在一个完整周期应力作用内，所损耗的能量 ΔW 与所贮存能量 W 之比，称为内耗。它与复数模量的直接关系为：

$$\Delta W/W = 2\pi E''/E' = 2\pi \tan\delta \tag{4}$$

这里 $\tan\delta$ 称为损耗角正切。

聚合物的转变和松弛与分子运动有关。由于聚合物分子是一个长链的分子，它的很多运动形式，包括侧基的转动和振动、短链段的运动、长链段的运动以及整条分子链的位移等都是在热能量激发下发生的。它既受大分子内链段之间的内聚力的牵制，又受分子链间的内聚力的牵制。这些内聚力都限制聚合物的最低能位置，分子实际上不发生运动。然而随温度升高，不同结构单元开始热振动，当振动的动能接近或超过结构单元内旋转位垒时，该结构单元就发生运动，如移动等。大分子链各种形式的运动都有各自特定的频率，这种特定的频率是由结构单元的惯性矩所决定的。而各种形式的分子运动的发生便引起聚合物物理性质发生变化，导致转变或松弛，体现在动态力学曲线上的就是聚合物的多重转变。

线型无定形高聚物中，按温度从低到高的顺序排列，有 5 种可能经常出现的转变。

① δ 转变：侧基绕着与大分子链垂直的轴运动。

② γ 转变：主链上 2～4 个碳原子的短链运动——沙兹基（Schatzki）曲轴效应。

③ β 转变：主链旁较大侧基的内旋转运动或主链上杂原子的运动。

④ α 转变：由 50～100 个主链碳原子组成的长链段的运动。

⑤ T_{ll} 转变：液-液转变，是高分子量的聚合物从一种液态转变为另一种液态，两种液态都是高分子整链的运动。

在半结晶高聚物中，除了上述 5 种转变外，还有一些与结晶有关的转变，主要有以下转变。

① T_m 转变：结晶熔融（一级相变）。

② T_{cc} 转变：晶型转变（一级相变），是一种晶型转变为另一种晶型。

③ T_a^c 转变：结晶预熔。

通常使用动态力学仪器来测量材料形变对振动力的响应，如动态模量和力学损耗。其基本原理是对材料施加周期性的力并测定其对力的各种响应，如形变、振幅、谐振波、波的传播速度、滞后角等，从而计算出动态模量、损耗模量、阻尼或内耗等参数，分析这些参数变化与材料的结构（物理的和化学的）的关系。动态模量 E'、损耗模量 E''、力学损耗 $\tan\delta = E''/E'$ 是动态力学分析中最基本的参数。

三、主要试剂与仪器

1. 试剂：PP、PE。
2. 仪器：美国 TA 公司 Q800 动态机械热分析仪（图 1）。

图 1　Q800 动态机械热分析仪

四、实验步骤

1. 仪器校正包括电子校正、力学校正、动态校正和位标校正，将夹具（包括运动部分和固定部分）全部卸下，关上炉体，进行位标校正（position calibration），完成后炉体会自动打开。

2. 夹具的安装、校正（夹具质量校正、柔量校正）。

3. 样品的安装

① 放松两个固定钳的中央锁螺，按"FLOAT"键让夹具运动部分自由。

② 用扳手调节可动钳，将试样插入并跨在固定钳上，并调正；旋紧固定部位和运动部位的中央锁螺的螺丝钉。

③ 按"LOCK"键以固定样品的位置。

④ 取出标准附件木盒内的扭力扳手，装上六角头，垂直插进中央锁螺的凹口内，以顺时针用力锁紧。对热塑性材料建议扭力值 0.6～0.9 N·m。

4. 实验程序

① 打开主机"POWER"键和"HEATER"键。打开 GCA 的电源，"Ready"灯亮。打开控制电脑，载进"Thermal Solution"。

② 指定测试模式和夹具。

③ 打开控制软件的"real time signal"（即时信号）视窗，确认最下面的"Frame Temperature"与"Air Pressure"都已确定。

④ 按"Furnace"键，打开炉体，按照标准程序完成夹具的安装，并完成夹具校正，正确地安装好样品，确定位置正中没有歪斜。

⑤ 编辑测试方法、频率表（多频扫描时）、振幅表（多变形量扫描时），并存档。

⑥ 打开"Experimental Parameters"视窗，输入样品名称、试样尺寸。指定空气轴承的气体源及存档的路径与文件名，然后载入实验方法与频率表或振幅表。

⑦ 打开"Instrument Parameters"视窗，逐项设定好各个参数。如数据取点间距、振幅、静荷力、Auto-strain、起始位移归零等。

⑧ 按下主机面板上面的"MEASURE"键，打开即时信号视窗，观察各项信号的变化是否够稳定。确定后按"Furnace"键关闭炉体，再按"START"键，正式进行实验。

⑨ 实验结束后，炉体与夹具会依据设定的"END Conditions"恢复原状，若设定"GCA AUTO Fill"，会继续进行液氮自动充填作业。

⑩ 依次按"STOP"键、"HEATER"键和"POWER"键关机。

五、数据记录与处理

从实验得到的曲线上获得相关数据，包括各个选定频率和温度下的动态模量 E'、损耗模量 E''、内耗 $\tan\delta$ 和玻璃化转变温度。

六、思考题

1. 什么叫聚合物的力学损耗？聚合物力学损耗产生的原因是什么？研究它有何重要意义？

2. 从分子运动的角度来解释动态力学曲线上出现的各个转变峰的物理意义。

实验 41

旋转流变仪测定聚合物熔体的动态流动特性

一、实验目的

1. 了解旋转流变仪的基本结构、工作原理。
2. 掌握采用旋转流变仪测量聚合物动态黏度的方法。

二、实验原理

聚合物受外力作用时，会发生流动与变形，产生内应力。流变学所研究的就是流动、变形与应力间的关系。旋转流变仪是以连续旋转和振荡的形式作用于聚合物样品，在一定温度、频率、应力/应变条件下测试聚合物的储能模量、损耗模量、复数黏度、损耗角正切等动态流变数据。从测得的流变数据分析可得到聚合物黏弹性、长支链含量、聚合物共混物相分离、时温等效性等性质。聚合物的宏观流变特性反映了聚合物的内部微观结构，这对深入研究聚合物性质及应用加工有重要的指导意义。

1. 储能模量、损耗模量、复数黏度、损耗角正切的物理意义

理想弹性体受到外力作用后，平衡形变瞬时达到，与时间无关；理想黏性体受外力作用后，形变随时间线性发展；聚合物受到外力作用后，材料形变与时间有关，介于理想弹性体和理想黏性体之间。

当聚合物受到一个交变应力 $\sigma = \sigma_0 \sin\omega t$ 作用时，由于聚合物链段运动受到内摩擦力的作用，链段的运动跟不上应力的变化，应变落后于应力一个相位差 δ，故应变 $\varepsilon = \varepsilon_0 \sin(\omega t - \delta)$。

也可以控制聚合物的应变，来研究聚合物的应力变化情况

$$\varepsilon = \varepsilon_0 \sin\omega t \tag{1}$$

因为应力变化比应变领先

$$\sigma = \sigma_0 \sin(\omega t + \delta) \tag{2}$$

将该式展开得到：

$$\sigma = \sigma_0 \sin\omega t \cos\delta + \sigma_0 \cos\omega t \sin\delta \tag{3}$$

由此可见，应力由两部分组成，一部分与应变同相位，幅值为 $\sigma_0 \cos\delta$，这是弹性形变的主动力；另一部分与应变相位差 $\frac{\pi}{2}$，所对应的形变是黏性形变，将消耗于克服摩擦阻力上，幅值为 $\sigma_0 \sin\delta$。

假设：

$$E' = \left(\frac{\sigma_0}{\varepsilon_0}\right)\cos\delta \tag{4}$$

$$E'' = \left(\frac{\sigma_0}{\varepsilon_0}\right)\sin\delta \tag{5}$$

$$\sigma = \varepsilon_0 E' \sin\omega t + \varepsilon_0 E'' \cos\omega t \tag{6}$$

将 E' 和 E'' 写成复数形式：

$$E^* = E' + iE'' \tag{7}$$

式中，E^* 为复数模量；E' 为储能模量，反映材料形变时能量储存的大小；E'' 为损耗模量，反映材料形变时能量损耗的大小。

$$\tan\delta = \frac{E'}{E''} \tag{8}$$

$\tan\delta$ 为损耗角正切，反映力学损耗的大小，与聚合物分子链的链段运动紧密相关。

复数黏度：

$$\eta^* = \frac{G^*}{i\omega} \tag{9}$$

$$\eta^* = \frac{G'}{i\omega} + \frac{iG''}{i\omega} = \eta' - i\eta'' \tag{10}$$

式中，η^* 为物质对动态剪切的总阻抗；η' 为动态黏度，与损耗模量有关，表示黏性的贡献，是复数黏度中的能量耗散部分；η'' 为虚数黏度，与动态模量相关，表示弹性的贡献，是弹性和储能的量度。

采用复数黏度可以表征聚合物流体的黏弹性质。

2. 旋转流变仪的测量原理

旋转流变仪一般是通过一对夹具的相对运动来产生流动的。产生流动的方法有两种：

一种是通过驱动一个夹具来测量产生的力矩，称为应变控制型，即控制施加的应变，测量产生的应力；另一种是施加一定的力矩来测量产生的旋转速度，称为应力控制型，即控制施加的应力，测量产生的应变。通常用到的夹具有同轴圆筒式、锥板式和平行板式3种，如图1所示。将待测液体置于两同轴圆筒的环形空间（同轴圆筒式），或平板与锥体的间隙内（锥板式），或平板与平板的间隙内（平板式），圆筒、锥板或平板的旋转，使试样受到剪切，测定转矩值和角频率，便可以得到流体的剪切应力和剪切速率，进而计算出黏度。若将应力或应变以交变形式作用在高分子试样上，即可测定其动态黏弹性。平行板夹具的优点是制样和上样都很方便，但由于其内部流场不均一，平行板夹具一般只用于线性流变测试。锥板夹具内部剪切流场均一，但其制样和上样相对于平行板要复杂，一般用于非线性流变测试。同轴圆筒夹具相对于平行板和锥板通常需要使用更多的样品，但是由于其具有更大的夹具/样品接触面积和测试力臂，使用其测试可得到更高的扭矩，可用于测试更低黏度的样品。本实验采用平行板夹具。

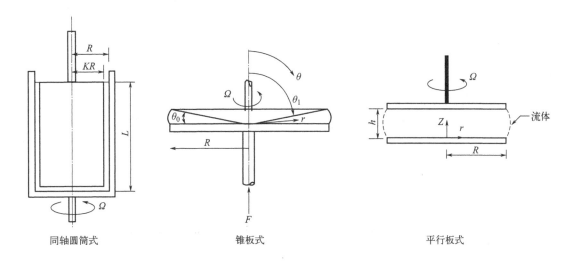

图1　旋转流变仪的结构图

旋转流变仪的测试模式一般可以分为稳态测试、瞬态测试和动态测试，区分它们的标准是应变或应力施加的方式。本实验着重介绍动态测试模式。动态测试主要指对流体施加振荡的应变或应力，测量流体相应的应力或应变。动态测试中，可以使用在被测材料共振频率下的自由振荡，或者采用在固定频率下的正弦振荡。这两种方式都可用来测量黏度和模量，不同的是后者在得到材料性能频率依赖性的同时，还可得到其性能的应变或应力依赖性。

在动态测试中，流变仪可以控制振动频率、振动幅度、测试温度和测试时间。在典型的测试中，可以将其中三项固定，变化第四项。应变扫描、频率扫描、温度扫描和时间扫描是基本的测试模式。

应变控制型流变仪的动态频率扫描模式是以一定的应变幅度和温度，施加不同频率的正弦形变，在每个频率下进行一次测试。对于应力控制型流变仪，频率扫描中设定的是应力的幅度。频率的增加或减少可以是对数的和线性的，或者产生一系列离散的频率。在频率扫描中,需要确定的参数是:应变幅度或应力幅度、频率扫描方式(对数扫描、线性扫描和离散扫描)和实验温度。从频率扫描可以得到的信息包括:

① 与分子量密切相关的黏度数据;

② 从分子量数据和分子量分布,可以检测到长支链的含量;

③ 零切黏度 η_0 可以从损耗模量 G'' 求得,平衡可恢复柔量 J_e^0 可从储能模量 G' 求得,平均松弛时间 λ_r 可从 J_e^0 和 η_0 的乘积求得。

动态频率扫描可以用来分析材料的时间依赖行为。图 2 显示了一种窄分子量分布的聚苯乙烯的频率扫描曲线。通过研究在很宽温度范围内的储能模量和耗能模量的频率依赖性,并利用时温叠加原理,可以得到超出测量范围很宽的数据。

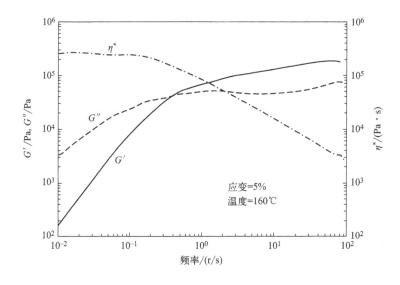

图 2　一种窄分子量分布的聚苯乙烯(分子量 170000)的动态频率扫描曲线

三、主要试剂与仪器

1. 试剂:自制聚合物。

2. 仪器:美国 TA 公司 DHR-1 旋转流变仪(图 3)。

四、实验步骤

1. 开机

① 打开空压机,或打开管道压缩空气阀门,确认气压达到规定值。

② 将流变仪夹具保护盖取下,开仪器,再打开循环水,最后打开电脑,使用前仪器预热 30min。

图 3　DHR-1 旋转流变仪

2. 仪器校准，选择适当的测试模式

① 打开测量软件，由以下路径 File Manager＞Calibration＞Instrument＞Inertia 按校正 "calibrate" 进行仪器惯量校准。

② 装夹具。按住仪器功能键上的 🔒，待有滴的一声松开，将夹具轴上的线与仪器轴上的线对齐，拧紧后按一下 🔒。

③ 由路径 File Manage＞Geometries＞Calibration＞Inertia 进行夹具惯量校正。由路径 File Manage＞Geometries＞Calibration＞Friction 进行轴承摩擦损失校正。由路径 File Manage＞Geometries＞Calibration＞Rotational Mapping 进行旋转映射校准。

④ 由仪器上快捷按钮栏执行，或者由路径 Control panel＞Gap＞Zero Gap 进行间隙调零。

⑤ 打开 File Manage＞Geometries＞Calibration＞Gap Temperature Compensation 输入起始温度、终止温度、升温速率，选择 Calibrate 进行校正。校正后在 File Manager＞Experiments＞Geometry＞Contents＞Gap temperature compensation 确认 "Enable" 选项上打钩。

⑥ 设置实验方法和存档信息。

3. 测试

① 设置平行板间隙。测试界面右边栏间隙，设置为 1050 μm，点击上方机头下降到接近面板的位置，再点击零间隙，点击是，再点击环境设置温度，再进行装样（可根据样品黏度调节间隙装样）。装样完毕后，间隙设置为 1000 μm，并用纸巾将平行板外多余的样品擦拭干净。

② 点击左边栏实验，根据相应的测试参数进行设置，设置完毕后即可开始测试。

4. 关机

① 先把夹具升上去，取下后擦拭干净，然后关闭软件。

② 关闭循环水，再关闭流变仪，将夹具盖子拧上去，最后关闭压缩机。

五、数据记录与处理

测试温度：_____   应变：_____

数据记录于表 1 中。

表 1　数据记录

f/Hz	ω/(r/s)	G'/Pa	G''/Pa	G^*/Pa	η^*/(Pa·s)	σ/Pa	δ/(°)

1. 根据测定的结果绘制 G'、G''、η^*、$\tan\delta$ 与 ω 的关系曲线图，分析聚合物的流变特性。

2. 零切黏度的计算

分子量分布的不同会导致储能模量和损耗模量在不同的频率相交。因此，可以利用交点处模量的大小来定义流变多分散性指数

$$PI = \frac{10^6}{E_x} \tag{11}$$

式中，$E_x = E' = E''$是储能模量和损耗模量交点处的模量（单位为 Pa）。PI 越小，分子量分布越窄；反之 PI 越大，分子量分布越宽。

储能模量和损耗模量交点处的频率只是多分散性指数的函数，满足

$$\ln(\eta_0 \omega) = 14.73 - 0.237 \ln PI \tag{12}$$

利用式(12)可以很方便地估计聚合物的零切黏度，而不用花很长时间做低频或低剪切速率的测试。

六、注意事项

1. 空气轴承是旋转流变仪的核心部分，在使用流变仪之前一定要接通空气，如果没有接通空气，任何使用和搬动流变仪都可能会导致空气轴承损坏。

2. 打开循环水浴后如果水没有循环，迅速提起瓶子，直到水开始流动为止。

3. 插销防止轴承旋转，通常用于安装测量系统和加载样品。直到测试之前都必须将转轴上的凹槽与插销对准，将转轴锁定。

4. 安装测量系统时，先松开螺丝，然后左手托住测量系统，右手拧紧螺丝。

5. 每次更换了测量系统都必须重新校零。

6. 样品加载过程中应避免破坏材料的结构。样品加载不要加得太多，也不要加得太少，可以使用平面刮刀将多余的样品刮掉。

7. 测试结束后夹具可能很烫，应小心触碰，以免烫伤，必要时应戴手套。

8. 禁止使用腐蚀性、酸性等液体清洗夹具。

七、思考题

1. 旋转流变仪的样品有什么要求？
2. 请简要说明旋转流变仪测量的基本原理。
3. 举例说明流变学在实际生产、生活中的应用。

实验 42

旋转黏度计测定聚合物溶液的流动曲线

一、实验目的

1. 加深对聚合物浓溶液黏弹性和流变性的理解。

2. 掌握旋转黏度计的使用方法。

二、实验原理

按照流体力学的观点，流体可分为理想流体和实际流体两大类。理想流体在流动时无阻力，故称为非黏性流体。实际流体流动时有阻力，即内摩擦力（或剪切应力），故称为黏性流体。根据作用于流体上的剪切应力与产生的剪切速率之间的关系，黏性流体又分为牛顿流体和非牛顿流体。研究流体的流动特性，对聚合物的加工工艺具有很重要的指导意义。

取距离为 dy 的两薄层流体，下层静止，上层有一剪切力 F，使其产生一速度 dv。流体间有内摩擦力影响，使下层流体的流速比紧贴的上一层流体的流速稍慢一些，至静止面处流体的速度为零，其流速变化呈线性。这样，在运动和静止面之间形成速度梯度 dv/dy，也称为剪切速率。在稳态下，施于运动面上的力 F，必然与流体内因黏性而产生的内摩擦力相平衡，根据牛顿黏性定律，施于面积为 A 的运动面上的剪切应力 σ 与速度梯度 dv/dy 成正比，即：

$$\sigma = F/A = \eta dv/dy = \eta \gamma \quad (1)$$

式中，η 为黏度；dv/dy 为剪切速率，用 γ 表示。以剪切应力对剪切速率作图，所得的图形称为剪切流动曲线，简称流动曲线。

牛顿流体的流动曲线是通过坐标原点的直线，其斜率即为黏度，即牛顿流体的剪切应力与剪切速率之间的关系完全服从牛顿黏性定律：$\eta = \sigma/\gamma$。水、醇类、酯类、油类等均属于牛顿流体。

凡是流动曲线不是直线或虽为直线但不通过坐标轴原点的流体，称为非牛顿流体。此时黏度随剪切速率的改变而改变，这时将黏度称为表观黏度，用 η_a 表示。聚合物浓溶液、熔融体、悬浮体、浆状液等大多属于此类。聚合物流体多数属于非牛顿流体，它们与牛顿流体的确有不同的流动特性。某些聚合物的浓溶液通常用幂律来描述它的黏弹性，即：

$$\sigma = k\gamma^n \quad (2)$$

式中，n 为流动幂律指数；k 为稠变系数（常数）。表观黏度又可表示为：

$$\eta_a = k\gamma^{n-1} \quad (3)$$

幂律在表征流体的黏弹性上的优点是通过 n 值的大小来判定流体的性质。$n>1$ 为胀塑性流体；$n<1$ 为假塑性流体；$n=1$ 为牛顿流体。几种流体可以用图 1 表示。将 $\sigma = k\gamma^n$ 取对数得

$$\lg\sigma = \lg k + n\lg\gamma \quad (4)$$

用 $\lg\sigma$ 对 $\lg\gamma$ 作图得一直线，n 值及 k 值即可定量求出。

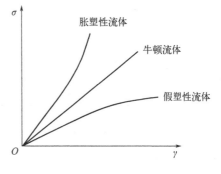

图 1　几种典型的流变曲线

三、主要试剂与仪器

1. 试剂：聚合物流体（聚合物溶液或乳液等）。

2. 仪器：NDJ-8S 旋转黏度计（图 2）。

四、实验步骤

1. 开机前，将黄色保护盖帽取下，显示屏亮，但电机不工作，预热 20min。

2. 估计被测样品的黏度范围，根据表 1 选择适当标号的转子。将选用的转子旋入连接螺杆（向左旋入装上，向右旋出卸下）。无法估计黏度范围的样品，试用从小体积到大体积转子（1 号最大，4 号最小）。

3. 调整升降台的距离使转子逐渐浸入样品中，使转子上的标记与液面相平，并且保护架、转子在容器中心，然后调整黏度计位置至水平。

4. 转子在样品中浸泡 3min，使转子温度与样品温度一致。按"测量"键，开始测量。当转子在液体中旋转 20 圈以上后读数。

图 2　NDJ-8S 旋转黏度计

5. 每个试样应测量两次。第一次测量完毕后，按"复位"键，待转子停止转动后，按"测量"键，开始第二次测量。

6. 在测量过程中，如果需要更换转子，可直接按复位键，此时电机停止转动，而黏度计不断电。当更换转子完毕后，重新测量。

7. 测试结果取两次测量的算术平均值。两次测量结果之差小于或等于两次测量结果平均值的 10%，否则测量第三次。

8. 测试完毕，清洗转子和转筒容器，清理实验台面。

表 1　NDJ-8S 旋转黏度计量程表

转速/(r/min)	量程/10^3(mPa·s)				
	0	1	2	3	4
60	0.01	0.1	0.5	2	10
30	0.02	0.2	1	4	20
12	0.05	0.5	2.5	10	50
6	0.1	1	5	20	100
3	—	2	10	40	200
1.5	—	4	20	80	400
0.6	—	10	50	200	1000
0.3	—	20	100	400	2000

五、数据记录与处理

1. 准确完整记录实验数据列入表 2 中。

表 2　旋转黏度计实验数据记录表

测试项目	1号转筒	2号转筒	3号转筒
转速/(r/min)			
黏度计读数/(mPa·s)			
扭矩百分比/%			

2. 画出 lgσ-lgγ 流动曲线，讨论该试样属于何种类型的流体。

六、注意事项

1. 在操作过程中严禁在转子旋转时，将转子逐渐浸入试样，以免损坏仪器。
2. 每次测量的百分计标度（扭矩）在 10%~100% 之间为正常值，否则黏度计会发出报警声，此时应更换转子或转速。
3. 装卸转子时应小心操作，将万向接头微微向上抬起，不可用力过大，不要让转子横向受力。切不可将转子向下拉，避免损坏轴尖。

七、思考题

1. 牛顿流体与非牛顿流体的主要区别是什么？
2. 聚合物流体的黏度受到哪些因素的影响？

实验 43

落球法测聚合物熔体零切黏度

一、实验目的

1. 观察液体的内摩擦现象，学会用落球法测量聚合物熔体的零切黏度。
2. 掌握基本仪器（如游标卡尺、螺旋测微器、秒表、比重计等）的使用。

二、实验原理

黏度是表征高聚物熔体和溶液流动性的指标。高聚物熔体的流动性是影响成型加工的重要因素，最终会影响高聚物产品的物理性能。例如，分子取向对模塑产品、薄膜和纤维的力学性能有很大的影响，而取向的方式和程度主要由成型加工过程中流动的特点和高聚物的流动行为所决定。因此测定物料的流变性能，了解物料流动性能及流变规律，对控制成型加工工艺及提高产品质量有着重要意义。

高聚物熔体零切黏度的测定仪器主要有三种：落球式黏度计、毛细管流变仪和旋转黏度计（同轴圆筒或锥板）。落球式黏度计可测定极低速率下的切黏度，适合测定具有较高切黏度的牛顿流体。其原理是，当一个半径为 r、密度为 ρ_s 的球体，在黏度 η、密度为 ρ

的无限延伸的流体（即流体盛于无限大的容器中）中运动时，按斯托克斯定律，小球所受阻力为：

$$f = 6\pi \eta r v \tag{1}$$

式中，v 为小球下落的速度。

圆球在流体中下落的动力为重力与浮力之差，即：

$$F = \frac{4}{3}\pi r^3 (\rho_s - \rho) g \tag{2}$$

式中，g 为重力加速度。

动力 F 一方面使小球加速，并以速度 v 运动，另一方面用来克服受到的来自流体的黏滞阻力。根据牛顿第二定律可以得出运动方程为：

$$\frac{4}{3}\pi r^3 \rho_s \frac{dv}{dt} = \frac{4}{3}\pi r^3 (\rho_s - \rho) - 6\pi \eta r v \tag{3}$$

当达到稳态，即圆球匀速下落时，$\frac{dv}{dt} = 0$，因此，从式(3)可得：

$$\eta = \frac{2}{9} \times \frac{(\rho_s - \rho) g r^2}{v} \tag{4}$$

式(4)就是斯托克斯方程，测定的黏度为零切变速率黏度或为零切黏度。在推导此式的过程中作了流体无限延伸的假设，但黏度计的直径 D 是有限的，故必须对管壁进行校正，在低雷诺数（小于5）的范围内，校正公式为

$$\eta = \frac{2}{9} \times \frac{(\rho_s - \rho) g r^2}{v} \left[1 - 2.104 \frac{d}{D} + 2.09 \left(\frac{d}{D}\right)^2 - K \right] \tag{5}$$

式中，d 为圆球的直径；K 为修正系数，一般取 2.4，也可以由实验确定。

从落球法实验中，得不到切应力、切变速率等基本流变学参数，但由于落球法是在低切变速率下进行黏度测定的，因此可以作为毛细管流变仪或旋转黏度计在测定流变曲线时低剪切速率下的补充。

三、主要试剂与仪器

1. 试剂：自制聚合物。
2. 仪器：落球黏度计（图1）、各种规格的小球、游标卡尺、螺旋测微器、米尺、秒表、比重计、温度计等。

四、实验步骤

1. 选定合适的实验条件（小球材料及大小的选择、小球的收尾速度及实验温度的确定，测量修正系数）。
2. 把落球黏度计升温到预定温度。
3. 确定管外标志线 AA' 和 BB'。
4. 待聚合物熔体稳定后，放入小球，注意使小球运动过程中不产生旋涡。测量小球经过两条标志

图 1 落球黏度计

线的距离 s 所用的时间 t。

五、数据记录与处理

1. 记录实验参数（表1）

表 1　基本实验参数

样品	聚合物密度 $\rho/(\text{g/cm}^3)$	小球半径 r/cm	小球直径 d/cm	小球密度 $\rho/(\text{g/cm}^3)$	黏度计直径 D/cm

2. 记录测量数据（表2）

表 2　测量数据

标志线间距 /cm	小球经过标志线的时间（平行测定三次） /s			
	1	2	3	平均值

3. ①计算小球的收尾速度 v；②计算熔体的零切黏度；③将计算出的 v 及实验相关的实验参数带入式(5)中，计算聚合物的熔体黏度。

六、注意事项

1. 实验中应保证小球沿圆管的中心轴线下降。
2. 注意小球通过玻璃管标志线时，要使视线水平，减少误差。
3. 每次时间测3次，之间的误差不要超过0.2 s。

七、思考题

1. 高聚物熔体零切黏度的测定方法主要有几种？各有什么适用范围？
2. 如何保证小球沿圆管中心轴线下落？如果下落过程中偏离中心轴线，对实验结果有何影响？
3. 测量的起始点可否选取液面？为什么？

实验 44

聚合物表面接触角的测定

一、实验目的

1. 了解液体在固体表面的润湿过程及接触角的含义。

2. 掌握用接触角测量仪测定接触角的方法。
3. 学会利用接触角对不同材料表面的性质进行分析。

二、实验原理

表面往往是指物体最外层不超过 100 nm 厚度的那层小部分物质。这部分表面直接影响到材料的许多性质与性能，比如手感、染色性、抗静电性、生物相容性、黏结性、亲水/亲油性等。研究材料表面性质的方法很多，比如：XPS、SEM、BET、AFM 等。测定接触角是最简单、最有效的研究材料表面性质的方法之一。接触角是固体材料、液体与气体这三者之间界面张力的综合结果，如图 1 所示。

(a) $\theta < 90°$ 浸润   (b) $\theta > 90°$ 不浸润

图 1 浸润与不浸润现象

水滴在清洁的玻璃表面上会铺展开来，而水银在玻璃表面上凝聚成珠状小球，这就是浸润和不浸润现象。在固-液-气三相交界处，固-液界面与液-气界面在三相交点处的切线夹角，称为浸润角，用 θ 表示，它表示了液体对固体的浸润能力。$\theta > 90°$ 为不浸润；$\theta < 90°$ 为浸润；$\theta = 0°$ 和 $\theta = 180°$，则分别为完全浸润和完全不浸润。

假定液体间界面力可由作用在界面方向的界面张力来表示，则液滴在固体表面处于平衡时，这些界面张力在水平方向上的分力之和等于 0。即著名的 Young 方程（或称为润湿方程）。

$$\gamma_{sv} = \gamma_{sl} + \gamma_{lv} \cos\theta \tag{1}$$

式中，γ_{sv}、γ_{lv} 分别为固相和液相的表面张力；γ_{sl} 为固-液相的界面张力。

决定和影响润湿作用和接触角的因素很多，如固体和液体的性质，杂质、添加物的影响，固体表面的粗糙程度，不均匀性，表面污染等。原则上说，极性固体易为极性液体所润湿，而非极性固体易为非极性液体所润湿。玻璃是一种极性固体，故易为水所润湿。对于一定的固体表面，在液相中加入表面活性物质常可改善润湿性质，并且随着液体和固体表面接触时间的延长，接触角有逐渐变小趋于定值的趋势，这是由于表面活性物质在各界面上的吸附。

接触角的测定方法很多，根据直接测定的物理量分为四大类：角度测量法、长度测量法、力测量法、透射测量法。其中，液滴角度测量法是最常用的，也是最直截了当的一类方法。它是在平整的固体表面上滴一滴小液滴，直接测量接触角的大小。为此，可用低倍显微镜中装有的量角器测量，也可将液滴图像投影到屏幕上或拍摄图像再用量角器测量。这类方法无法避免人为作切线的误差。

三、主要试剂与仪器

1. 试剂：聚丙烯片、聚四氟乙烯片、尼龙片、PET 片、去离子水等。

2. 仪器：DSA100 光学接触角测量仪（图2）。

图2　DSA100 光学接触角测量仪

四、实验步骤

1. 接通电源，打开开关，等待仪器初始化，初始化结束后光源点亮。

2. 双击 DSA1 软件，软件启动后，出现图像。等待软件与仪器连通，当 Device control panel 中的 Dosing 栏变成具体内容时，表明仪器与软件已经正常连通。

3. 旋转镜头视角旋钮，将镜头的视角调整为+2°。

4. 进入 Device control pane 对话框中的 N-Pos 栏，利用键盘上的 page up、page down 和上下键，使 Dosing 针处于实时观测的窗口内。

5. 手动调节 Zoom 和 Focus 旋钮（DSA100）或调节镜头上的对焦和放大率旋钮，使 Dosing 针清晰。

6. 鼠标处于 FG-drop window 对话框内并用右键打开菜单，选择 Drop type-Sessile drop [SD]，设置测试方法为坐滴法。

7. 将被测样品放置在样品台上，用微量注射器吸取少量去离子水。在 Dosing 窗口中，选 Volume-2 μL，按^箭头滴出液滴，上升样品台接下液滴。

8. 在 FG-drop window 对话框内单击鼠标右键，出现一个下拉菜单，点击 Save as，保存图像。选择 File→New drop window，打开 Drop window 窗口，在窗口内单击右键，出现下拉菜单，选择 Open，打开刚才保存的图像。

9. 确定液滴的 Baseline，选择合适的计算方法，点击 Contact Angle，计算接触角。结果显示在 Result window 窗口中。

五、数据记录与处理

1. 记录样品的水接触角，取三次测量结果的平均值为该样品的水接触角。

2. 测定不同材料表面的接触角,并结合其化学结构和性质分析其成因。

六、注意事项

1. 在测试接触角的时候,液滴是通过上升样品台接下来的,如果让液滴自行掉下来,液滴的体积会比较大,其次受重力影响会让液滴变形,不是正规的圆和椭圆,会影响测试角度。
2. 水滴测量时间不要超过 1 min。
3. 关机时把接触角的样品台移开,以免针头顶到样品台。

七、思考题

1. 液体在固体表面的接触角与哪些因素有关?
2. 在本实验中滴到固体表面上的液滴的大小,对所测接触角读数是否有影响?为什么?

实验 45

聚合物热导率的测定

一、实验目的

1. 了解热导率的概念。
2. 掌握热流计法测定聚合物热导率的原理和方法。

二、实验原理

热传导是自然界中普遍存在的现象,而物质传递热量能力的大小则通过热导率来衡量。导热系数(又称热导率)是反映材料热性能的重要物理量,热导率大、导热性能好的材料称为良导体;热导率小、导热性能差的材料称为不良导体。一般来说,金属的热导率比非金属要大,固体的热导率比液体要大,气体的热导率最小。一般高分子材料都是热导率低于 0.5 W/(m·K) 的热的不良导体,在室温下一些常见的高分子热导率如表 1 所示。

表 1 室温下常见聚合物材料的热导率

材料类型	热导率 /[W/(m·K)]	材料类型	热导率 /[W/(m·K)]
低密度聚乙烯	0.33	高密度聚乙烯	0.45~0.52
聚丙烯	0.17	聚氯乙烯	0.12~0.17
聚苯乙烯	0.04~0.14	聚乙烯醇	0.20
涤纶树脂	0.29	聚四氟乙烯	0.25

续表

材料类型	热导率 /[W/(m·K)]	材料类型	热导率 /[W/(m·K)]
聚偏氟乙烯	0.19~0.25	聚甲醛	0.40
聚碳酸酯	0.19	聚苯硫醚	0.31
聚酰胺 6	0.36	聚砜	0.22
聚酰胺 66	0.25	聚酰胺 1010	0.36
环氧树脂	0.17~0.21	聚酰亚胺	0.10~0.20
天然橡胶	0.13	聚氨酯	0.25

根据热传导的傅里叶定律，热导率是指在稳态条件下，通过垂直于热流线的单位截面面积、单位温度梯度下的热流量。

$$\lambda = \frac{\Delta Q}{\left(\frac{\mathrm{d}T}{\mathrm{d}z}\right)_{x_0} \Delta S} \tag{1}$$

式中，λ 为热导率，W/(m·K)；ΔS 为垂直于热流线的截面面积，m^2；ΔQ 为单位时间通过 ΔS 的热量，W；$\mathrm{d}T/\mathrm{d}z$ 为温度梯度，K/m。

保护热流计法属稳态法，是在试样与冷板之间插入热流传感器来测量通过的热流。以一定的压力，将待测样品夹在两个不同温度、抛光过的金属表面之间。下半部的金属接触平面带有热传导器，当热流从上半部平面经过样品传导到下半部平面时，体系中出现垂直的温度梯度。通过测量样品厚度，样品两端的温度差与热流传感器所探测的热流量，就能够测定样品的热导率。保护热流计法的试样尺寸为直径 50 mm，厚度 1~20 mm，最薄可达约 0.1 mm。热导率测量范围为 0.1~40 W/(m·K)，最高实验温度约 300 ℃。保护热流计法适合测量一般固体绝缘材料、聚合物基复合材料和高分子材料，也可以测量糊状样品、液体等试样的热传导性能。

三、主要试剂与仪器

1. 试剂：圆柱形固体样品（厚度≤25 mm，直径=50 mm）、导热膏。

2. 仪器：美国 TA 公司 DTC-300 导热仪（图 1）。

四、实验步骤

1. 开启位于仪器面板后方输入电源插座旁边的主电源开关。确认冷却水已经流入仪器内部的冷却槽。打开氮气瓶，控制压力在 10~20 Pa 之间。

2. 按下面板前端的温度控制器 PV/SV 键来显示温度设定（SV 灯亮），再次按下 PV/SV 键来显示目前的加热温度（PV 灯亮）。

图 1 DTC-300 导热仪

3. 将加热器 HEATER 的开关设定在 ON。STACK MOVE/FREE 开关必须保持在 MOVE 的位置。

4. 测量并记录样品厚度,将导热膏涂到样品两面后将样品放置于测试槽下方模组的平面上。

5. 使用 STACK UP/DOWN 开关升高/降低加热组件,使金属上下平面与样品接触。用纸清理多余的导热膏。

6. 设置样品名称、温度、尺寸,开始测试。

7. 等待 30~60 min,升到设定温度。测试结束后升起加热组件,关机后移开样品,将导热膏擦拭干净。

五、数据记录与处理

热平衡时,根据 Fourier 热流方程计算待测样品的热阻:

$$R_S = \frac{T_U - T_L}{Q} - R_{int} \tag{2}$$

式中,R_S 为待测样品的热阻;T_U 为上面板的表面温度;T_L 为下面板的表面温度;Q 为通过样品的热流量;R_{int} 为样品与上下面板表面总的接触热阻。

热流量是由热流传感器两侧的温差来决定的:

$$Q = N(T_U - T_H) \tag{3}$$

式中,T_H 为热流传感器温度;N 为热流传感器的传热系数,是一个常数。根据式(2)和式(3)可得到:

$$R_S = \frac{T_U - T_L}{N(T_U - T_H)} - R_{int} = \frac{\Delta T_S}{N \cdot \Delta T_R} - R_{int} \tag{4}$$

式中,ΔT_S 为待测试样上下两端的温差;ΔT_R 为热流传感器上下两端的温差。记录样品厚度 d、T_H、ΔT_R、T_L、T_U 和 ΔT_S,可根据公式 $\lambda = \Delta R_S / d$ 计算热导率。

六、思考题

1. 影响保护热流计法测试结果的因素有哪些?
2. 怎样提高聚合物的导热性?

实验 46

塑料拉伸性能的测定

一、实验目的

1. 熟悉万能试验机的基本操作和使用方法。
2. 掌握通过聚合物的应力-应变曲线分析材料力学性能的方法。

二、实验原理

拉伸试验是在规定的试验温度、试验速度和湿度条件下，对标准试样沿其纵轴方向施加拉伸载荷，直到试样被拉断为止。拉伸试验可以绘制材料在拉伸变形过程中的拉伸应力-应变曲线。从曲线上可以得到材料的各项拉伸性能指标值：拉伸强度、断裂应力、屈服应力、弹性模量、断裂伸长率等。曲线下方所包括的面积代表材料的拉伸破坏功，它与材料的强度和韧性相关。因此，拉伸性能测试是非常重要的一项试验，可为研究、开发与工程设计提供可靠数据。

应力-应变曲线一般分两个部分：弹性形变区和塑性形变区。在弹性形变区域，材料发生可完全恢复的弹性形变，形变应力和应变成正比例关系，曲线中直线部分的斜率是弹性模量值，弹性模量越大，刚性越好。在塑性形变区，应力和应变增加不再成正比关系，形变最后出现断裂。不同结构的高分子材料表现的应力-应变曲线的形状也不同。根据拉伸过程中屈服点的表现、伸长率的大小以及其断裂情况，应力-应变曲线大致可归纳为五种类型，如图1所示。影响聚合物材料拉伸强度的主要因素有以下两点：

① 聚合物的结构和组成的影响。聚合物分子量及分布，高分子链的柔性、交联、结晶和取向是决定其机械强度的主要内在因素。通过在聚合物中添加填料，采用共聚和共混的方法来改变聚合物的组成，可以提高聚合物的拉伸强度。

② 拉伸速度和环境温度的影响。同一聚合物试样，随着拉伸速度的提高，聚合物的模量增加，屈服应力、断裂强度增加，断裂伸长率减小。高速拉伸时，外力作用时间短，分子链来不及发生运动，试样表现出较小的形变和较大的强度。

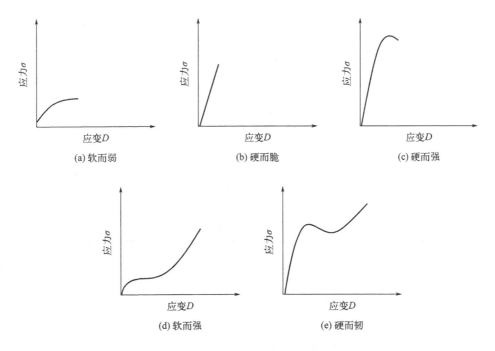

图1 聚合物的五种类型应力-应变曲线

降低温度使分子链段的热运动减弱，松弛过程变慢，拉伸时同样表现较小的形变和较高的强度。因此，提高拉伸速度和降低实验温度是等效的。

三、主要原料与仪器

1. 试样形状

拉伸试验共有4种类型的试样：Ⅰ型试验样（双铲形），Ⅱ型试样（哑铃形），Ⅲ型试样（8字形），Ⅳ型试样（长条形），如图2所示。

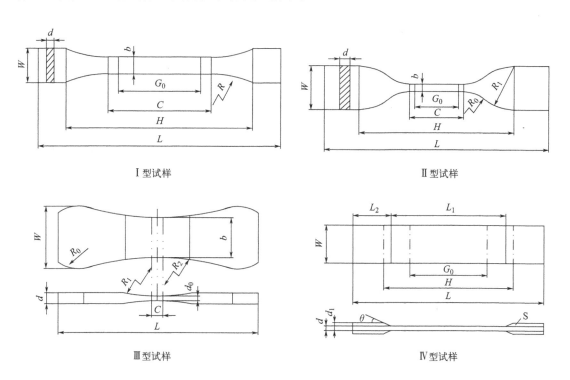

图 2　拉伸试验的试样

2. 试样尺寸规格

不同类型的样条有不同的尺寸规格，具体见表1～表4。

表 1　Ⅰ型试样尺寸和公差

物理量	名称	尺寸/mm	公差/mm
L	总长度(最小)	150	—
H	夹具间距离	115	±5.0
C	中间平行部分长度	60	±0.5
G_0	标距(或有效部分)	50	±0.5
W	端部宽度	20	±0.2

续表

物理量	名称	尺寸/mm	公差/mm
d	厚度	4	—
b	中间平行部分宽度	10	±0.2
R	半径(最小)	60	—

表 2　Ⅱ型试样尺寸和公差

物理量	名称	尺寸/mm	公差/mm
L	总长度(最小)	115	—
H	夹具间距离	80	±5.0
C	中间平行部分长度	33	±2.0
G_0	标距(或有效部分)	25	±1.0
W	端部宽度	25	±1.0
d	厚度	2	—
b	中间平行部分宽度	6	±0.4
R_0	小半径	14	±1.0
R_1	大半径	25	±2.0

表 3　Ⅲ型试样尺寸和公差

符号	名称	尺寸/mm	符号	名称	尺寸/mm
L	总长度(最小)	110	b	中间平行部分宽度	25
C	中间平行部分长度	9.5	R_0	端部半径	6.5
d_0	中间平行部分厚度	3.2	R_1	表面半径	75
d	端部厚度	6.5	R_2	侧面半径	75
W	端部宽度	45			

表 4　Ⅳ型试样尺寸和公差

符号	名称	尺寸/mm	公差/mm
L	总长度(最小)	250	—
H	夹具间距离	170	±5.0
G_0	标距(或有效部分)	100	±0.5
W	宽度	25 或 50	±0.5
L_2	加强片最小长度	50	—
L_1	加强片间长度	150	±5.0
d	厚度	2~10	—
d_1	加强片厚度	3~10	—
θ	加强片角度	5°~30°	—
S	加强片	—	—

3. 仪器设备

Instron万能试验机（图3）。

4. 拉伸时的速度设定

塑料属黏弹性材料，它的应力松弛过程与变形速率紧密相关。应力松弛需要一个时间过程。当低速拉伸时，分子链来得及位移、重排，呈现韧性行为；高速拉伸时，高分子链段的运动跟不上外力作用速度，呈现脆性行为。不同品种的塑料对拉伸速度的敏感度不同，硬而脆的塑料对拉伸速度比较敏感，一般采用较低的拉伸速度。韧性塑料对拉伸速度的敏感性低，一般采用较高的拉伸速度，以缩短试验周期，提高效率。国家标准规定，拉伸试验方法的试验速度范围为 1~500 mm/min，分为9种速度，见表5。

图3 Instron 5960 双立柱台式万能试验机

表5 拉伸速度范围

类型	速度/(mm/min)	允许误差	类型	速度/(mm/min)	允许误差
速度A	1	±50%	速度F	50	±10%
速度B	2	±20%	速度G	100	±10%
速度C	5	±20%	速度H	200	±10%
速度D	10	±20%	速度I	500	±10%
速度E	20	±10%			

不同塑料优选的试样类型及相关条件见表6。

表6 不同塑料优选的试样类型及相关条件

塑料品种	试样类型	试样制备方法	试样最佳厚度/mm	试验速度
硬质热塑性材料 热塑性增强材料	Ⅰ型	注塑 模压	4	B,C,D,E,F
硬质热塑性塑料板 热固性塑料板 （包括层压板）	Ⅰ型	机械加工	2	A,B,C,D, E,F,G
软质热塑性塑料 软质热塑性塑料板	Ⅱ型	注塑 模压 板材机械加工 板材冲切加工	2	F,G,H,I
热固性塑料 （包括填充增强塑料）	Ⅲ型	注塑 模压	—	C
热固性增强塑料板	Ⅳ型	机械加工		B,C,D

四、实验步骤

1. 用游标卡尺测量样条中部左、中、右 3 点的宽度和厚度,精确至 0.02 mm,取算术平均值。

2. 开启电脑与试验机,当机器手柄上加载沙漏消失时说明仪器与电脑已经建立通信信号。

3. 打开测试软件,若已创建满足试验的方法,单击"测试",选择试验方法文件后测试新样品。

4. 点击"方法"新建试验方法,保存后调用。点击"方法"中的"测试控制",设置拉伸速度。点击"方法"中的"控制台",设置所需参数。

5. 分别将上、下夹具装到试验机的上、下接头上。通过机械手柄调节夹具至合适位置,将试样放置夹具中,确认试样在夹具中正确对齐。

6. 按下控制面板上的开始按钮或单击"测试"界面中的"开始"按钮,开始自动试验。试验结束后,软件显示试验结果,包括应力-应变曲线、拉伸断裂强度、断裂伸长率和弹性模量等。

7. 若在试验完成前需要停止试验,可以按下控制面板上的停止按钮或单击试验工作区的停止按钮。若出现紧急情况,请按"紧急停止"按钮。

8. 试验结束后,先释放上方夹具,后释放下方夹具,然后拆卸试样。所有样品测试完毕,点击■按钮进行数据保存。

五、数据记录与处理

1. 根据试验机绘出的不同材料的拉伸曲线,比较和鉴别它们的性能特征。

2. 拉伸强度或断裂应力按下式计算:

$$\delta_t = \frac{P}{bd} \tag{1}$$

式中,δ_t 为拉伸强度或拉伸断裂应力,MPa;P 为最大负荷或断裂负荷,N;b 为试样宽度,mm;d 为试样厚度,mm。

3. 断裂伸长率按下式计算:

$$\varepsilon_t = \frac{L - L_0}{L_0} \tag{2}$$

式中,ε_t 为断裂伸长率,%;L_0 为试样原始标距,mm;L 为试样断裂时标线间距离,mm。

六、思考题

1. 不同材料的应力-应变曲线有何不同?
2. 为什么每个试样要连续重复测试 5 次以上?
3. 改变试样的拉伸速度会对试验产生什么样的影响?请从分子运动的角度进行解释。

实验 47

弯曲强度测定

一、实验目的

1. 熟悉材料弯曲强度测试原理及其影响因素。
2. 掌握不同性质材料弯曲强度的测定方法。

二、实验原理

弯曲性能主要用来检测材料在经受弯曲负荷作用时的性能。塑料的静弯曲强度是指用三点加载简支梁法将试样放在两个支点上，在两支点中间的试样上施加集中载荷，使试样变形直至破坏时的强度。

本实验对试样施加静态三点式弯曲负荷，测定试样在弯曲变形过程中的特征量，如弯曲应力、定挠度时弯曲应力、弯曲破坏应力、弯曲强度、表观弯曲应力等。弯曲强度是指试样弯曲负荷达到最大值时的弯曲强度（σ），表达式如下：

$$\sigma = \frac{1.5PL}{bh^2} \tag{1}$$

式中　P——最大负荷（或破坏载荷），N；

　　　L——试样长度（即两支点间的距离），mm；

　　　b——试样宽度，mm；

　　　h——试样厚度，mm。

弯曲性能测试有以下主要影响因素：

① 试样尺寸。试样的厚度和宽度都与弯曲强度和挠度有关。

② 加载压头半径和支座表面半径。如果加载压头半径很小，对试样容易引起较大的剪切力而影响弯曲强度。支座表面半径会影响试样跨度的准确性。

③ 应变速率。弯曲强度与应变速率有关，应变速率较低时，其弯曲强度也偏低。

④ 试验跨度。当跨度与材料厚度之比增大时，剪切应力降低。

三、主要原料与仪器

1. 实验材料

脆性材料：聚苯乙烯（PS）。

韧性材料：聚丙烯（PP）。

尺寸按照 GB/T 9341—2008 标准选取。要求试样表面平整，无气泡、裂纹、分层、毛刺。每组试样不少于 5 个。试样形式和尺寸见图 1 和表 1。

图 1　弯曲试样

L—长度；b—宽度；h—厚度

表 1　弯曲标准试样尺寸　　　　　　　　　　　　　单位：mm

长度 L	宽度 b	厚度 h
20h	15±0.2	1<h≤10
	30±0.5	10<h≤20
	50±0.5	20<h≤35
	80±0.5	35<h≤50

2. 仪器

Instron 万能试验机、游标卡尺。

四、实验步骤

1. 用游标卡尺测量试样中间部分的宽度和厚度。精确至 0.02 mm，测量 3 次取算术平均值。

2. 打开 Instron 万能试验机主机电源，完成机器自检。打开计算机，进入主控制页面。点击"方法"图标，打开方法，编辑测试方法或创建新的测试方法并保存。

3. 调换和安装弯曲试验用夹具，调节好支座跨度，放置好试样，加工面朝上（图 2），压头与加工面应是线接触，并保证与试样长度的接触线垂直于试样长度方向。

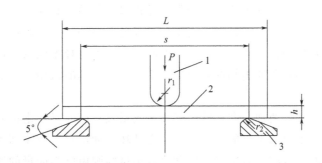

图 2　弯曲压头条件

1—压头（r_1=10 mm 或 5 mm）；2—试样；3—试样支点台（r_2=2 mm）；

h—试样高度；P—弯曲负荷；L—试样长度；s—跨距

4. 打开测试界面，创建新试样。输入拉伸速度、试样尺寸等。点击"开始"图标进行测试。

5. 重复以上步骤，直到完成所有试样的测试。

五、数据记录与处理

1. 在曲线上读出破坏或屈服载荷。
2. 计算弯曲强度、弯曲应变和弯曲模量。

六、思考题

1. 哪些因素会对弯曲强度测定结果产生影响？
2. 如何提高测试的准确性？

实验 48

塑料冲击强度的测定

一、实验目的

1. 掌握冲击强度的测试原理和测试方法。
2. 熟悉数字式冲击仪的使用方法。
3. 掌握通过冲击曲线判断材料脆性、韧性的方法。

二、实验原理

塑料制品在使用的过程中，经常受到外力冲击作用致使其受到破坏，因此，在力学性能测试中，只进行静力试验是不能满足材料使用要求的，必须对塑料材料进行动态载荷试验，这一点在工程设计中尤其重要。冲击强度是指材料制品在高速冲击状态下的韧性或对断裂的抵抗能力，也称为材料的韧性。测定冲击强度有两种方法：落球式冲击试验和摆锤式冲击试验，以后者最为常用。不同材料或不同用途，可选择不同的冲击试验方法。由于各种方法中试样受力形式和冲击物的几何形状不一样，不同的试验方法所测得的冲击强度结果不能相互比较。

摆锤式冲击试验又分两种，即悬臂梁式和简支梁式。简支梁冲击试验是使用已知能量的摆锤一次性冲击支承成水平梁的试样，并使之破坏。冲击点应位于两支座的正中间。被测试样若带缺口，冲击线应正对缺口。悬臂梁冲击试验则由已知能量的摆锤一次性冲击垂直固定成悬臂梁的试样的自由端，摆锤的冲击点与试样的夹具和试样缺口的中心线相隔一定距离。根据摆锤的冲击前初始能量和冲击后摆锤的剩余能量之差，确定试样在被破坏时所吸收的冲击能量，冲击能量除以冲击截面积，就得到试样的单位截面积所吸收的冲击能量，即冲击强度。

仪器化冲击试验方法是通过安装在冲击刀口上的力值传感器来测量试样在冲击过程中受到的弯曲载荷，获得如动态屈服力、最大力、裂纹扩展起始力、裂纹扩展终止力等载荷方面的信息。同时，试样的位移由断裂时间计算得出或者由位移传感器来测定，获得如最大力时位移、裂纹扩展起始位、裂纹扩展终止位移等信息，再由数据处理系统将这两组测量值通过力-位移曲线反映出来，通过测出力-位移曲线所包围的面积来得出冲击能量。该方法还可以将力-位移曲线分成不同的特征部分，即把冲击能量分解成裂纹形成能量和裂纹扩展能量，使冲击能量变成具有明确物理意义的冲击参数，为工程设计和材料检验提供明确的性能指标。

三、主要原料与仪器

1. 试样：试样的尺寸和形状见表1、表2和图1。

表 1　试样类型及尺寸

试样类型	长度 L/mm	宽度 b/mm	厚度 h/mm
1	80±2	10±0.5	4±0.2
2	50±1	6±0.2	4±0.2
3	120±2	15±0.5	10±0.5
4	125±2	13±0.5	13±0.5

表 2　试样的缺口类型

试样类型	缺口类型	缺口剩余厚度 d_k/mm	缺口底部半径 r/mm	缺口宽度 n/mm
1～4	A B	0.8d 0.8d	0.25±0.05 1.0±0.05	—
1、3	C	2d/3	≤0.1	2±0.2
2	C	2d/3	≤0.1	0.8±0.1

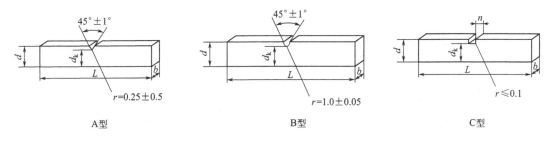

图 1　A、B、C 型缺口试样

L—试样长度；d—试样厚度；
r—缺口底部半径；b—试样宽度；d_k—试样缺口剩余厚度；n—缺口宽度

2. 仪器：美国 Instron 公司 CEAST 9050 摆锤冲击仪（图2）、游标卡尺。

3. 实验方法

① 简支梁冲击。将试样水平放置在支座上，试样中心缺口位置与摆锤对准，摆锤冲

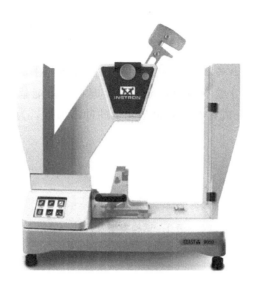

图 2　CEAST 9050 摆锤冲击仪

击刃及试样位置关系见图 3。

② 悬臂梁冲击。试样一端固定，另一端自由放置，摆锤冲击自由端。试样夹持台、摆锤的冲击刃及试样位置见图 4。

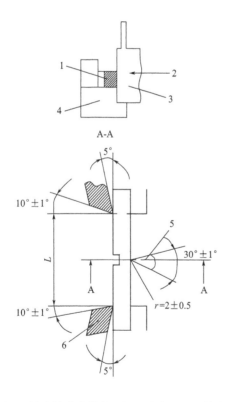

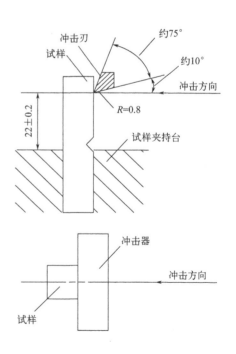

图 3　简支梁冲击持台、摆锤冲击刃及试样位置
1—试样；2—冲击方向；3—冲击瞬间摆锤位置；
4—下支座；5—冲击刀刃；6—支持块

图 4　悬臂梁试样夹持台、摆锤的冲击刃及试样位置

四、实验步骤

1. 打开电脑和仪器开关。
2. 点击仪器主界面第一个图标（Calibration）→点击√→释放摆锤→等待仪器自检（摆锤晃动12下，仪器界面灰色区域显示信息，表示自检完成）。每次开机、更换摆锤、调整角度后均需要进行自检。
3. 打开电脑软件。点击电脑桌面图标 Geast 9050（图形区域下方）→"get remote control"（右下角）→观察图形区域下方指示灯以及角度均显示为绿色，表示仪器正常。
4. 样品测试。界面左上角命名→"select parameter"→根据摆锤选择相应的条件，点击 OK→Start（界面左中位置）→放样品→Continue→机器有响声→释放摆锤→待测试界面出现图像后停止摆锤→Next→再放样→待有响声后释放摆锤→摆锤静止→保存数据（End 为保存，Break 为不保存，无断电保护），测试结束。
5. 数据处理。点击 File→open→一组测试数据会同时显示，对样品的宽度和厚度进行更改。根据需求对数据进行选择，可以以导出数据和复制粘贴两种方式得到所需数据。
6. 测试完成后，将相关仪器检查完毕后关机，同时将实验台面整理干净。

五、数据记录与处理

1. 试验结果与计算

① 缺口试样简支梁冲击强度按下式计算：

$$a_k = \frac{A_k}{bd_k} \times 10^{-3}$$

式中　a_k——缺口试样简支梁冲击强度，kJ/m^2；
　　　A_k——破坏试样所吸收的冲击能量，J；
　　　d_k——试样的厚度，m；
　　　b——试样缺口底部剩余宽度，m。

② 无缺口试样简支梁冲击强度按下式计算：

$$a = \frac{A}{bd} \times 10^{-3}$$

式中　a——无缺口试样简支梁冲击强度，kJ/m^2；
　　　A——试样破断所消耗的能量，J；
　　　d——试样厚度，m；
　　　b——试样宽度，m。

③ 缺口试样悬臂梁冲击强度按下式计算：

$$a_{in} = \frac{W}{hb_n} \times 10^{-3}$$

式中　a_{in}——缺口试样悬臂梁冲击强度，kJ/m^2；
　　　W——破坏试样所吸收的能量，J；
　　　h——试样厚度，m；
　　　b_n——试样缺口底部剩余宽度，m。

④ 无缺口试样悬臂梁冲击强度按下式计算：

$$a_{\text{iv}} = \frac{W}{hb} \times 10^{-3}$$

式中 a_{iv}——无缺口试样悬臂梁冲击强度，kJ/m^2；

W——试样破断所消耗的能量，J；

h——试样厚度，m；

b——试样宽度，m。

2. 记录冲击力、冲击消耗的能量以及摆锤的速度、位移、时间等变化，并绘出动态冲击断裂的应力-时间曲线。通过冲击曲线分析冲击能量的组成，判断材料的韧性。

六、思考题

1. 影响冲击强度的因素有哪些？
2. 高分子材料冲击强度的测试方法有哪些？各有什么不同？

实验 49

高分子材料硬度的测定

一、实验目的

1. 了解洛氏硬度计测试高分子材料硬度的基本原理。
2. 掌握洛氏硬度计测试高分子材料硬度的基本方法。

二、实验原理

硬度是指材料抵抗其他较硬物体压入其表面的能力。硬度值大小是材料软硬程度的有条件性的定量反映，它是由材料的弹性、塑性、韧性等一系列力学性能组成的综合性指标。硬度值的大小不仅取决于材料本身，也取决于测量方法。硬度试验的主要目的是测量该材料的适用性，并通过硬度值间接了解该材料的其他力学性能，例如拉伸性能、磨损性能、固化程度等。因此，在实际生产过程中，硬度的检测对监控产品质量、完善工艺条件等具有非常重要的作用。由于硬度测量较为迅速和简便，它在工程材料应用中极为普遍。

试验开始时，试验机压头放在试件上，施加初始试验力，并建立一个由位移传感器测出的基准点。压头在初始试验力下压入试样的压痕深度记为 h_1。接着试验机施加一个较大的主试验力，压头进入试样更深，压头在总试验力作用下的压痕深度为 h_2。然后压头在总试验力作用下保持一定时间后，卸除主试验力，同时保持初试验力，压痕因试样的弹性恢复而最终形成的压痕深度为 h_2，此时，试验机测量相对于既定的基准点的凹痕直线深度 $h(h=h_2-h_1)$ 就是洛氏硬度数值的基础，按照下式计算硬度值。

$$HR = K - h/C$$

式中 HR——洛氏硬度值；

h——两次初试验力作用下的压痕深度差，mm；

C——常数，其值规定为 0.002 mm；

K——换算常数，其值规定为 130。

三、主要原料与仪器

1. 原料：聚丙烯（PP）板、聚苯乙烯（PS）板、硬质聚氯乙烯（PVC）板等。

2. 仪器：数显洛氏硬度计（图 1）。

四、实验步骤

1. 试样准备。要求试样表面应平整光洁，不应有污物、氧化皮、裂缝、凹凸及显著的加工痕迹。试样的大小应保证每个测试点的中心与试样边缘的距离不小于 7 mm，各测试点中心之间的距离也不小于 25 mm，试样厚度应不小于 4 mm。按照 50 mm×50 mm×4 mm 尺寸切割制试样。根据试样预估的硬度值和试样的厚度选择相应的压头和负荷大小（表 1）。

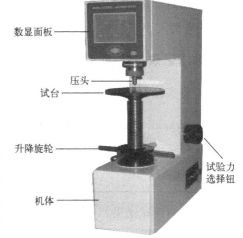

图 1 数显洛氏硬度计

表 1 硬度计标尺、压头、试验力及应用一览表

硬度标尺	压头 mm	初始试验力/N	总试验力/N	应用
A	金刚石圆锥形压头		588(60)	硬质合金钢、深度渗碳钢
B	钢球压头 Φ1.5875(1/16)		980(100)	铜合金、低碳钢、铝合金、可锻铸铁
C	金刚石圆锥形压头		1471(150)	钢、硬铸铁、钛、深硬化钢
D	金刚石圆锥形压头		980(100)	薄钢、中等渗碳钢
E	钢球压头 Φ3.175(1/8)		980(100)	铸铁、铝及镁合金、轴承金属
F	钢球压头 Φ1.5875(1/16)		588(60)	退火软铜合金、薄软金属板
G	钢球压头 Φ1.5875(1/16)		1471(150)	磷青铜、铜铍合金、可锻铸铁
H	钢球压头 Φ3.175(1/8)	98(10)	588(60)	铅、锌铅
K	钢球压头 Φ3.175(1/8)		1471(150)	轴承合金及其他软或薄金属，包括塑料
L	钢球压头 Φ6.35(1/4)		588(60)	
M	钢球压头 Φ6.35(1/4)		980(100)	
P	钢球压头 Φ6.35(1/4)		1471(150)	轴承合金及其他软或薄金属，包括塑料
R	钢球压头 Φ12.7(1/2)		588(60)	
S	钢球压头 Φ12.7(1/2)		980(100)	
V	钢球压头 Φ12.7(1/2)		1471(150)	

2. 开启电源开关。

3. 将试样放在试验台上，试样的支撑面和试验台应保持清洁，保证良好的密合，试件的厚度应大于 10 倍的压痕深度。

4. 顺时针平稳旋转升降旋轮，使升降螺杆上升，当压头触到试件时，升降螺杆应平稳缓慢上升，此时屏幕数字显示由 0 上升到 580～620 之间。与此同时在数字显示上方 24 支绿色、5 支黄色、3 支红色发光二极管也由第 1 支绿色发光二极管发光开始，一直延伸到 24 支绿色全部发光，最后进入 5 支黄色发光二极管区域之间发光，并报一声警。此时，应立即停止旋转升降旋轮，屏幕上 580～620 之间数字翻转为 100。与此同时，电机自动加试验力，自动控制延时试验力时间，自动卸除主试验力。此时，可以读取硬度值。

5. 逆时针旋转升降旋轮，使升降螺杆下降，自动复零，一次试验循环结束。每组试样测量点数不少于 3 个。

五、数据记录与处理

1. 将实验数据填入表 2。

表 2　实验数据表

序号	标尺	压头	总试验力	硬度值	平均值
1					
2					

2. 分析测试结果。

六、注意事项

1. 在对试样进行测试前，首先必须确定使用的洛氏硬度标尺，这种标尺需要一种试验力与压头的特定组合。标尺的选择应合适，以便使得硬度值处于 50～115 之间。

2. 为了避免冷加工的影响，材料的厚度必须是压痕深度的 10 倍。

3. 在施加初始试验力时，如进入红色发光二极管发光，并报警声不断，则该点应作废，并逆时针旋转升降旋轮，退下升高螺杆，直退至数字管为 0 和发光二极管全熄灭为止，此后重新开始。

4. 测得的洛氏硬度值用前缀字母和数字表示，例如使用 M 标尺测得的洛氏硬度值为 70，则表示为 HRM70。

七、思考题

除了洛氏硬度外，还有哪几种常用的硬度表示方法？分别是怎样测定的？

实验 50

氧指数测定

一、实验目的

1. 了解氧指数的定义及其用于评价高聚物材料相对燃烧性的原理。

2. 了解氧指数测定仪的结构和工作原理。
3. 掌握氧指数测定仪测定常见材料氧指数的基本方法。

二、实验原理

物质燃烧时，需要消耗大量的氧气。不同的可燃物，燃烧时需要消耗的氧气量不同。通过对物质燃烧过程中消耗最低氧气量的测定，计算出物质的氧指数值，可以评价物质的燃烧性能。氧指数（oxygen index，OI）是指在规定的实验条件下，试样在氧氮混合气流中，维持平稳燃烧（即进行有焰燃烧）所需的最低氧气浓度，以氧所占的体积分数表示。即在该物质引燃后，能保持燃烧 50mm 长或燃烧时间 3min 时所需要的氧、氮混合气体中最低氧的体积分数。氧指数用于判断材料在空气中与火焰接触时燃烧的难易程度非常有效。一般认为，OI＜27 的属易燃材料，27≤OI＜32 的属可燃材料，OI≥32 的属难燃材料。HC-2 型氧指数测定仪，就是用来测定物质燃烧过程中所需氧的体积分数的仪器。该仪器适用于塑料、橡胶、纤维、泡沫塑料及各种固体的燃烧性能的测试，准确性、重复性好，被世界各国所普遍采用。

氧指数的测试，就是把一定尺寸的试样用试样夹垂直夹持于透明燃烧筒内，其中有按一定比例混合的向上流动的氧氮气流。点燃试样的上端，观察随后的燃烧现象，记录持续燃烧时间或燃烧过的距离。试样的燃烧时间超过 3 min 或火焰前沿超过 50 mm 标线时，就降低氧浓度，试样的燃烧时间不足 3 min 或火焰前沿不到标线时，就增加氧浓度。如此反复操作，从上下两侧逐渐接近规定值，至两者的浓度差小于 0.5%，即可取中间值为氧指数。氧指数法是在实验室条件下评价材料燃烧性能的常用方法，它可以对窗帘幕布、木材等许多新型装饰材料的燃烧性能做出准确、快捷的检测评价。需要说明的是氧指数法并不是唯一的判定条件和检测方法，但它的应用非常广泛，已成为评价燃烧性能级别的一种有效方法。

氧指数测定仪由燃烧筒、试样夹、流量控制系统及点火器等组成，如图 1 所示。

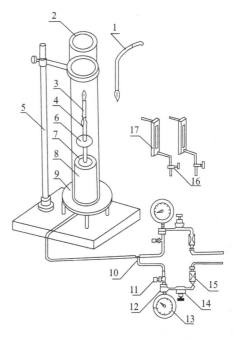

图 1　氧指数测定仪示意图
1—点火器；2—玻璃燃烧筒；3—燃烧着的试样；
4—试样夹；5—燃烧筒支架；6—金属网；7—测温装置；8—装有玻璃珠的支座；9—基座架；
10—气体预混合结点；11—截止阀；12—接头；
13—压力表；14—精密压力控制器；15—过滤器；
16—针阀；17—气体流量计

燃烧筒为一耐热玻璃管，高 450 mm，内径 75～80 mm，筒的下端插在基座上，基座内填充直径为 3～5 mm 的玻璃珠，填充高度 100 mm，玻璃珠上放置一个金属网，用于遮挡燃烧滴落物。试样夹为金属弹簧片，对于薄膜材料，应使用 140 mm×38 mm 的 U 形试样夹。流量控制系统由压力表、稳压阀、调节阀、转子流量计及管路组成。流量计最小刻度为 0.1 L/min。点火器是一内径为 1～3 mm 的喷嘴，火焰长度可调，实验时火焰长度为 10 mm。

三、主要原料与仪器

1. 原料：阻燃聚丙烯。每个试样长宽高为 120 mm×10 mm×4 mm。试样表面清洁、平整光滑，无影响燃烧行为的缺陷，如气泡、裂纹、飞边、毛刺等。

2. 仪器：HC-2 型氧指数测定仪（图 2）。

四、实验步骤

1. 检查气路，确定各部分连接无误，无漏气现象。

2. 确定实验开始时的氧浓度：根据经验或试样在空气中点燃的情况，估计开始实验时的氧浓度。如试样在空气中迅速燃烧，则开始实验时的氧浓度为 18% 左右；如在空气中缓慢燃烧或时断时续，则为 21% 左右；在空气中离开点火源即马上熄灭，则至少为 25%。氧浓度确定后，在混合气体的总流量为 10 L/min 的条件下，便可确定氧气、氮气的流量。例如，若氧气浓度为 25%，则氧气、氮气的流量分别为 2.5 L/min 和 7.5 L/min。

图 2 HC-2 型氧指数测定仪

3. 安装试样：将试样夹在夹具上，垂直地安装在燃烧筒的中心位置上（注意要画 50 mm 标线），保证试样顶端低于燃烧筒顶端至少 100 mm，罩上燃烧筒。

4. 通气并调节流量：开启氧、氮气钢瓶阀门，调节减压阀压力为 0.2～0.3 MPa，然后开启氮气和氧气管道阀门（在仪器后面标注有红线的管路为氧气，另一路则为氮气，应注意：先开氮气，后开氧气，且阀门不宜开得过大），然后调节稳压阀，仪器压力表指示压力为（0.1±0.01）MPa，并保持该压力（禁止使用过高气压）。调节流量调节阀，通过转子流量计读取数据（应读取浮子上沿所对应的刻度），得到稳定流速的氧、氮气流。检查仪器压力表指针是否在 0.1 MPa，否则应调节到规定压力。O_2+N_2 压力表不大于 0.03 MPa 或不显示压力为正常，若不正常，应检查燃烧柱内是否有结炭、气路堵塞现象。在调节氧气、氮气浓度后，必须用调节好流量的氧氮混合气流冲洗燃烧筒至少 30 s，以排出燃烧筒内的空气。

5. 点燃试样：用点火器从试样的顶部中间点燃（点火器火焰长度为 1～2 cm），勿使火焰碰到试样的棱边和侧表面。在确认试样顶端全部着火后，立即移去点火器，开始计时或观察试样烧掉的长度。点燃试样时，火焰作用的时间最长为 30 s，若在 30 s 内不能点燃，则应增大氧浓度，继续点燃，直至 30 s 内点燃为止。

6. 确定临界氧浓度的大致范围：点燃试样后，立即开始计时，观察试样的燃烧长度及燃烧行为。若燃烧中止，但在 1 s 内又自发再燃，则继续观察和计时。如果试样的燃烧时间超过 3 min，或燃烧长度超过 50 mm（满足其中之一），说明氧的浓度太高，必须降低，此时实验现象记"×"，如试样燃烧在 3 min 或 50 mm 之前熄灭，说明氧的浓度太低，需提高氧浓度，此时实验现象记"○"。如此在氧的体积分数的整数位上寻找这样相邻的四个点，要求这四个点处的燃烧现象为"××○○"。例如若氧浓度为 26% 时，烧过 50 mm 的刻度线，则氧过量，记为"×"，下一步调低氧浓度，在 25% 做第二次，判断是否为氧过量，直到找到相邻的四个点为氧不足、氧不足、氧过量、氧过量，此范围即为所确定的临界氧浓度的大致范围。

7. 在上述测试范围内，缩小步长，从低到高，氧浓度每升高 0.4% 重复一次以上测试，观察现象，并记录。

8. 根据上述测试结果确定氧指数 OI。

五、数据记录与处理

将测定数据记录于表 1 中。

表 1　氧指数测定实验数据记录

项目	实验次数				
	1	2	3	4	5
氧浓度/%					
氮浓度/%					
燃烧时间/s					
燃烧长度/mm					
燃烧结果					

六、注意事项

试样制作要精细、准确，表面平整、光滑。氧、氮气流量调节要得当，压力表指示处于正常位置，禁止使用过高气压，以防损坏设备。流量计、玻璃筒为易碎品，实验中谨防打碎。

七、思考题

1. 什么叫氧指数？如何用氧指数评价材料的燃烧性能？
2. HC-2 型氧指数测定仪适用于哪些材料性能的测定？如何提高实验数据的测试精度？

实验 51

塑料燃烧性能的测定：水平法与垂直法

一、实验目的

1. 掌握 CFZ-3 型水平垂直燃烧测定仪的使用方法。
2. 了解影响塑料燃烧性能的因素。

二、实验原理

1. 基本概念

有焰燃烧：在规定的实验条件下，移开点火源后，材料火焰持续燃烧。

有焰燃烧时间：在规定的试验条件下，移开点火源后，材料保持有焰燃烧的时间。

无焰燃烧：在规定的试验条件下，移开点火源后，当有焰燃烧终止或无火焰产生时，材料保持辉光的燃烧。

无焰燃烧时间：在规定的试验条件下，当有焰燃烧终止或移开点火源后，材料持续无焰燃烧的时间。

2. 基本原理

水平或垂直地夹住试样一端，对试样自由端施加规定的气体火焰，通过测量线性燃烧速度（水平法）或有焰燃烧时间（垂直法）等来评价试样的燃烧性能。水平和垂直燃烧特性试验是控制和评价材料阻燃质量的有力手段，应用范围广泛。

水平法对试样施加火焰时间为 30 s。

垂直法对试样施加火焰时间为 10 s。

三、主要原料与仪器

1. 仪器：CFZ-3 型水平垂直燃烧测定仪（图1）。

图 1　水平垂直燃烧测定仪

2. 气源：天然气、液化石油气。

3. 本生灯：管长（100±10）mm；内径：（9.5±0.5）mm；本生灯可倾斜：20°、30°、45°；本生灯蓝色火焰高：20～40 mm。

4. 金属网筛：固定在试样下的水平金属网，与试样最下边间距 10 mm，试样自由端与金属网筛边缘对齐。

5. 试样尺寸要求见表 1。

表 1　试样尺寸要求

方法	长/mm	宽/mm	厚/mm	每组数量
水平法	125±5	13.0±0.5	4.0±0.2	3
垂直法	125±5	13.0±0.5	4.0±0.2	5

四、实验步骤

1. 水平法（图2）

① 在试样的宽面上垂直于长轴方向距点火端 25 mm 和 100 mm 各画一条标线，在

25 mm 标记的最近端与横轴倾斜 45°位置夹住试样。

② 在试样下部的支架放置一个水盘。

③ 灯管在垂直位置时，点着本生灯并调节，产生 20 mm 的蓝色火焰，并将本生灯倾斜 45°。

④ 开电源→复位→返回→清零，显示初始状态 P。

⑤ 按选择键，选择水平，水平法的指示灯亮，表示选择了水平法进行第一次试样试验。

⑥ 按运行键，本生灯移至试样一端，对试样施加火焰，显示 A.SYXXX.X，表示正在施加火焰。计时面板上以倒计时的方式显示施加火焰剩余时间。

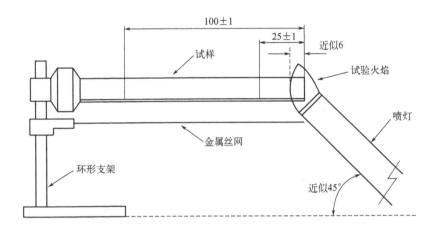

图 2　水平燃烧试验设备示意图

测量实际燃烧长度，按下式计算燃烧速度：

$$V = \frac{60L}{t} \tag{1}$$

式中　V——线性燃烧速度，mm/min；
　　　L——烧损长度，mm；
　　　t——时间，s。

2. 垂直法

① 用垂直夹具夹住试样一端，将本生灯移至试样底边中部调节试样高度，使试样下端与灯管标尺齐平。

② 点着本生灯并调节使之产生 20 mm 高的蓝色火焰。

③ 开电源→ 复位 → 返回 → 清零 ，显示初始状态 P。

④ 按选择键，选择垂直，垂直法的指示灯亮。

⑤ 按运行键，本生灯移至试样下端，对试样施加火焰，显示 A.SYXXX.X，表示正在施加火焰。计时面板上以倒计时的方式显示施加火焰剩余时间。当施加火焰时间剩余 3 s 时，蜂鸣器报警，提醒操作者准备下一步的操作。施加火焰时间结束，本生灯自动退回原位。

⑥ 当有焰燃烧结束时，按计时键。显示 A.dH。按运行键开始本试样的第二次施加火

焰，显示 A.SYXXX.X。同样，最后 3 s，蜂鸣器响，施加火焰时间结束，本生灯自动退回。

⑦ 当有焰燃烧结束时，按计时键，"有焰燃烧"指示灯灭，"无焰燃烧"指示灯亮，计时面板上显示无焰燃烧的持续时间。当无焰燃烧结束时，按计时键，试样试验结束。

⑧ 在试验过程中，若有滴落物引燃脱脂棉的现象，按退火键，该试样停止试验。在施焰时间内，若出现火焰蔓延至夹具的现象，按不合格，此试样试验结束。试验后，需读出试验数据时，按读出，显示对应试验次数的施加火焰后的有焰燃烧时间。

⑨ 自动状态下，仪器可直接显示总的有焰燃烧时间。当采用手动时，可将时间累加计算。

$$t_f = \sum_{i=1}^{5}(t_{1i} + t_{2i}) \tag{2}$$

式中　t_{1i}——第 i 个试样第一次有焰燃烧的时间，s；

　　　t_{2i}——第 i 个试样第二次有焰燃烧的时间，s；

　　　i——样品编号，$i=1\sim 5$。

3. 具体步骤

① 按照试验要求制备样品。

② 将试验装置平稳地放置在试验台或通风橱内。

③ 将仪器与气源连接完好，注意防止燃气泄漏。

④ 将仪器电源连接好，打开电源开关，数码管上显示"P"。如果数码管不亮，则表示电源没有连接好或者保险丝坏了，需要更换保险丝。

⑤ 将燃气阀门打开，调节长明灯的旋钮，点燃长明灯，将火焰调节到 15～20 mm 高。调节显示控制面板上的针形阀，点燃本生灯，调节本生灯下方的空气混合旋钮，使之产生蓝色火焰。

⑥ 按照前述的仪器操作步骤完成试验。

五、思考题

1. 火焰的燃烧的特性有哪些？
2. 分析不同方位的火焰传播及火焰和热分解产物与固体之间的相互作用。
3. 影响塑料试样燃烧性能测试的因素有哪些？

实验 52

聚合物材料维卡软化点的测定

一、实验目的

1. 了解聚合物材料的维卡软化点测定的原理。
2. 掌握热塑性塑料的维卡软化点的测试方法。

二、实验原理

聚合物的热性能是高分子材料加工成型和应用过程中的重要性能之一，涉及到高聚物的结晶、热变形温度、熔融指数等，是研究高分子材料的耐热性、热稳定性的重要参数。聚合物材料的耐热温度是指在一定负荷下，其到达某一规定形变值时的温度，而发生形变时的温度通常称为软化点。因为使用不同测试方法各有其规定选择的参数，不同方法的测试结果相互之间无定量关系，但可用来对不同塑料作相对比较。

维卡软化点是表征塑料制品耐热性能的重要指标，是指试样置于液体传热介质中，在一定负载和升温速率的情况下，试样被横截面积 $1~mm^2$ 的压针压入 $1~mm$ 深度时的温度。维卡软化点越高，表明材料受热时的热变形越小，尺寸稳定性也越好。实验测得的维卡软化点适用于控制质量和作为鉴定新品种热性能的一个指标，但不代表材料的使用温度。

三、主要原料与仪器

1. 原料：聚丙烯 PP 板。
2. 仪器：维卡热变形试验机（图 1）。

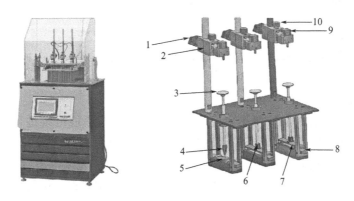

图 1 维卡热变形试验机外观及内部结构图

1—传感器固定块锁紧手柄；2—传感器固定块；3—砝码放置盘；4—维卡软化试验压头；5—维卡软化试样；6—负荷变形试验压头；7—负荷变形试样；8—试样放置座；9—位移传感器；10—位移传感器高度微调旋钮

四、实验步骤

1. 试样准备。一般试样的厚度约 $4~mm$，宽和长约 $8~mm×10~mm$，要求试样表面平整，没有裂纹、气泡。每组试样为三个。

2. 调整预压变形量。将仪器接上电源，打开电源开关，在首页按"进入"键进入到测试界面。

3. 参数设定

① 升温速率的设定：试验时的升温速率有三种可以选择（$120~℃/h$，$50~℃/h$，$2~℃/min$），按下相应的按键即可。

② 上限温度设定：上限设定键为设定有效键，其单位为℃。试验时，当试验温度到达上限温度时，仪器自动停止控制温度和加热。所以，设定上限温度时其温度值要略高于

该试验类型和试验材料的变形温度和软化点。上限温度也可不设定,此时,仪器将以 300 ℃ 为其上限温度。

③ 伸长距离设置为 1 mm。

4. 按一下主机上的"上升"按钮,将支架升起,抬起负载杆,将试样放入支架,然后放下负载杆,使压头位于其中心位置,并与试样垂直接触,试样另一面紧贴支架底座。

5. 按"下降"按钮,将支架小心浸入油浴槽中,使试样位于液面以下。

6. 按测试需要选择砝码,使试样承受负载 1 kg 或 5 kg。小心将砝码凹槽向上平放在托盘上。

7. 砝码压力作用 5 min 后,上下移动位移传感器托架,使传感器触点与砝码直接垂直接触。点击"清零"键,使各通道形变清零。

8. 选择实验通道界面进行试验,选择后按"菜单"键即可开始试验。

9. 当达到目标位移后,显示的温度即材料的维卡软化点。

10. 将砝码取下放回原处,按主机上的"上升"按钮,将支架升起,抬起负载杆,用镊子夹出试样。按"下降"按钮,将支架送入油浴槽中。关闭主机电源。

五、数据记录与处理

1. 记录试样的名称、起始温度、砝码质量等。
2. 记录试样在不同通道的维卡软化点,计算平均值和误差。

六、注意事项

1. 试验进行中,若因意外情况而停止试验,则此试验不能继续进行,需待油温降到室温后,更换试样,重新开始试验,否则试验数据不准确。
2. 装取试样时,防止试样掉入油浴池内;如果掉入,一定要取出后再进行试验。
3. 按动启动键后,若显示器出现"E"字符,说明设定错误,按复位后重新设定。
4. 试验完成后,一定要关闭电控箱上的主电源。

七、思考题

1. 影响维卡软化点测试结果的因素有哪些?
2. 维卡软化点与玻璃化转变温度的区别是什么?

实验 53

转矩流变仪测定聚合物流变性能

一、实验目的

1. 了解转矩流变仪的基本结构及其适应范围。

2. 熟悉转矩流变仪的工作原理及其使用方法。

二、实验原理

物料被加到混炼室中，受到两个转子所施加的作用力，使物料在转子与室壁间进行混炼剪切，物料对转子凸棱施加反作用力，这个力由测力传感器测量，再经过机械分级的杠杆和臂转换成转矩值，单位为 N·m。转矩值的大小反映了物料黏度的大小。通过热电偶对转子温度的控制，可以得到不同温度下物料的黏度。

转矩数据与材料的黏度直接相关，但它不是绝对数据。绝对黏度只有在稳定的剪切速率下才能测得，在加工状态下材料是非牛顿流体，流动是非常复杂的湍流，有径向的流动，也有轴向的流动，因此不可能将扭矩数据与绝对黏度对应起来。但这种相对数据能提供聚合物材料的有关加工性能的重要信息，这种信息是绝对法的流变仪得不到的。因此，实际上相对和绝对法的流变仪是互相协同的。从转矩流变仪可以得到在设定温度和转速（平均剪切速率）下扭矩随时间变化的曲线，这种曲线常称为扭矩谱。除此之外，还可同时得到温度曲线、压力曲线等。在不同温度和不同转速下进行测定，可以了解加工性能与温度、剪切速率的关系。转矩流变仪在共混物性能研究方面应用最为广泛，可以用来研究热塑性材料的热稳定性、剪切稳定性、流动和固化行为。

图 1 中各段意义分别如下。OA：在给定温度和转速下，物料开始粘连，转矩上升到 A 点；AB：受转矩旋转作用，物料很快被压实（赶气），转矩下降到 B 点（有的样品没有 AB 段）；BC：物料在热和剪切力的作用下开始塑化（软化或熔融），物料即由粘连转向塑化，转矩上升 C 点；CD：物料在混合器中塑化，逐渐均匀，达到平衡，转矩下降到 D；DE：维持恒定转矩，物料平衡阶段（至少在 90 s 以上）；E 以后：继续延长塑化时间，导致物料发生分解、交联、固化，使转矩上升或下降。

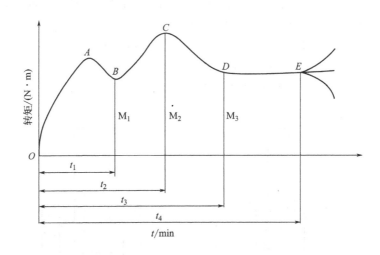

图 1 一般物料的转矩流变曲线

三、主要原料与仪器

1. 原料：聚乙烯树脂、聚丙烯树脂。

2. 仪器:RM-200C 混炼式转矩流变仪(图 2)。

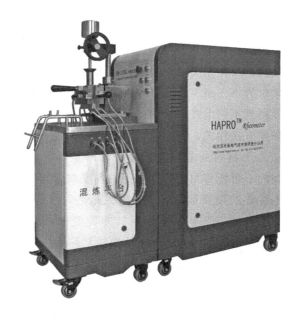

图 2　RM-200C 混炼式转矩流变仪

(1) 转矩流变仪的组成

① 密炼机:内部配备压力传感器、热电偶,测量测试过程中的压力和温度的变化。

② 驱动及转矩传感器:转矩传感器是关键设备,用它测定测试过程中转矩随时间的变化。转矩的大小反映了材料在加工过程中许多性能的变化。

③ 计算机控制装置:用计算机设定测试的条件如温度、转速、时间等,并记录各种参数(如温度、转矩和压力等)随时间的变化。

(2) 性能指标　密炼机转速最大值 200 r/min;转矩最大值 100 N·m;熔体温度测量范围为室温至 300 ℃,温度控制精度为±1 ℃。

(3) 转矩流变仪转子　转矩流变仪转子如图 3 所示,转子有不同的形状,以适应不同

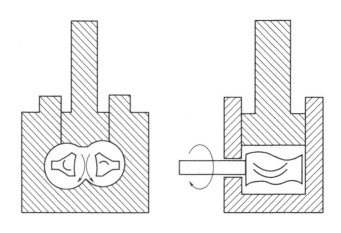

图 3　转矩流变仪转子示意图

的材料加工。本密炼机配备的转子为西格玛型转子。在密炼室内不同部位的剪切速率是不同的,两个转子有一定的速率比,一般为3∶2(左转子∶右转子),两转子相向而行,左转子为顺时针,右转子为逆时针。

四、实验步骤

1. 为便于对试样的测试结果进行比较,每次应称取相同质量的试样。按照配方准确称量,加入试样的质量(M)按照下式计算:

$$M = (V - V_r) \times \rho \times 0.69 \tag{1}$$

本设备
$$V - V_r = 70 \tag{2}$$

式中　V——密炼室的容积,mL;

　　　V_r——转子的体积,mL;

　　　ρ——物料密度,g/mL。

2. 合上总电源开关,打开转矩流变仪上的开关,手动面板上 STOP 和 PROGRAM 的指示灯变亮,开启计算机。

3. 10 min 后按下手动面板上的 START,这时 START 上的指示灯变亮。

4. 双击计算机桌面的转矩流变仪应用软件图标,完成实验所需温度、转子转速及时间的设定。

5. 当达到实验所设定的温度并稳定 10 min 后,开始进行实验。先对转矩进行校正,并观察转子是否旋转。转子不旋转不能进行下面的实验,当转子旋转正常时,才可进行下一步实验。

6. 点击开始实验快捷键,将原料加入密炼机中,并将压杆放下,用双手将压杆锁紧。

7. 到达实验时间,密炼机会自动停止,或点击结束实验快捷键可随时结束实验。

8. 提升压杆,依次打开密炼机的两块动板,卸下两个转子,并分别进行清理,准备下一次实验用。

9. 待仪器清理干净后,将已卸下的动板和转子安装好。

五、数据记录与处理

1. 测定聚乙烯、聚丙烯树脂在不同温度下的流变性能,具体如下:

聚乙烯组:185 ℃,190 ℃,195 ℃,200 ℃。

聚丙烯组:190 ℃,195 ℃,200 ℃,205 ℃。

2. 仔细观察转矩和熔体温度随时间的变化。

六、思考题

1. 转矩流变仪在聚合物成型加工中有哪些方面的应用?
2. 加料量、转速、测试温度对实验结果有哪些影响?

实验 54

高聚物流动速率（熔融指数）的测定

一、实验目的

1. 了解熔体流动速率仪的构造及使用方法。
2. 了解热塑性高聚物的流变性能在理论研究和生产实践中的意义。
3. 掌握高聚物熔融指数的测定原理。

二、实验原理

熔体流动速率（MFR），又称熔体流动指数（MFI）或熔融指数（MI），是指热塑性塑料等热塑性材料在一定的温度、一定的压力下，熔体在 10 min 内通过标准毛细管的质量，用 g/10 min 表示，用来区别各种塑性材料在熔融状态下的流动性能，用以指导热塑性高聚物材料的合成及加工等工作。一般来说，熔融指数较大的热塑性高聚物，其加工性能较好。

表征高聚物熔体的流动性好坏的参数是熔体的黏度。熔体流动速率仪实际上是毛细管黏度计，其结构简单，所测量的是熔体流经毛细管的质量流量。由于熔体密度数据很难获得，故不能计算表观黏度。但由于质量与体积成一定比例，故熔体流动速率也就表示了熔体的相对黏度值。因而，熔体流动速率可以用作区别各种热塑性材料在熔融状态时流动性的一个指标。对于同一类高聚物，可由此来比较出分子量的大小。一般来说，同类的高聚物，分子量越高，熔体流动速率越小，其强度、硬度、韧性、缺口冲击等物理性能会相应有所提高。反之，分子量小，熔体流动速率则增大，材料的流动性就相应好一些。在塑料加工成型中，对塑料的流动性常有一定的要求。如压制大型或形状复杂的制品时，需要塑料有较大的流动性。如果塑料的流动性太小，常会使塑料在模腔内填塞不紧或树脂与填料分头聚集（树脂流动性比填料大），从而使制品质量下降，甚至成为废品。而流动性太大时，会使塑料溢出模外，造成上下模面发生不必要的黏合或使部件发生阻塞，给脱模和整理工作造成困难，同时还会影响制品尺寸的精度。由此可知，塑料流动性的好坏，与加工性能关系非常密切。在实际成型加工过程中，往往是在较高的切变速率的情况下进行的。为了获得适合的加工工艺，通常要研究熔体黏度对温度和切变应力（施加的压力）的依赖关系。掌握了它们之间的关系之后，可以通过调整温度和切变应力来使熔体在成型过程中的流动性符合加工以及制品性能的要求。由于熔体流动速率是在低切变速率的情况下获得的，与实际加工的条件相差很远，因此，熔体流动速率主要是用来表征由同一工艺流程制成的高聚物性能的均匀性，对热塑性高聚物进行质量控制，简便地给出热塑性高聚物熔体流动性的度量，作为加工性能的指标。

可采用熔体流动速率测定仪测定流动速率。按 ISO 1133:1997 可采用质量法，即在定负荷、定时间间隔下，测定通过口模的熔体的质量；也可采用体积法，即在定负荷、定距离情况下测定时间。本实验所用仪器只能用质量法。仪器按相关技术要求，在周围有加热元件和保温材料的标准料管下端，安装一只标准口模，在料管加热到设定的温度时，加入被测样料，并插入带活塞的压料杆，在压料杆上端加选定负荷砝码。通过热塑性试样在一定温度和负荷下，单位时间内通过口模的熔体质量，即可获得该料样每 10 min 通过口模的质量，即熔体流动速率。

三、主要原料与仪器

1. 原料：高密度聚乙烯（PE）。
2. 仪器：GT-7100-MIJ 型熔体流动速率仪（图1）。

四、实验步骤

1. 将水平仪插入到料筒中，旋转仪器的四个地脚，使水平仪中气泡停留在圈线的中心。

2. 打开控温表开关，按上下方向键，设置温度为 190 ℃。待温度达到 190 ℃，将料筒清理杆缠上纱布，清理料筒中的异物，若清理不干净，就升高料筒温度，直至料筒清理干净。

3. 料筒清理干净后推上口模挡板。将口模放在顶针上从料筒下口放入料筒，然后推下口模挡板。

4. 安装好口模后，根据实验材料设置料筒温度。料筒温度升高到设置温度并稳定后，将实验材料从料筒上方的进料口倒入直至达到推料杆的测试范围。每次投料应少量多次，每投一次料需要用推料杆压实。此过程在 1 min 内完成，保证熔体中没有气泡。

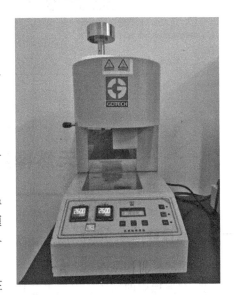

图 1　GT-7100-MIJ 型熔体流动速率仪

5. 根据测试要求选择砝码的质量（如 2.16 kg），将选择好的砝码平稳放置于推料杆上使材料在特定压力下加热熔融 10 min。将材料熔融好后打开口模挡板，待推杆测试范围之外多余的原料自动流出。当推杆测试刻度线与料筒上口重合时开始测试，每间隔 10 s 切粒一次，切割完后称重。

6. 测试结束后迅速把余料和口模压出，拉开口模挡板，口模落在托盘中，取下砝码，趁热迅速清洁口模。料筒内用纱布或铜网绕在清料杆上，反复擦拭干净。

五、数据记录与处理

熔体流动速率计算公式：$$MFR = 600W/t$$

式中　W——切取样条质量的算术平均值，g；

t——切样时间间隔，s。

六、思考题

1. 测量高聚物的熔融指数有何意义？
2. 聚合物的熔融指数与分子量有何关系？

第四章 高分子材料成型加工实验

实验 55

天然橡胶的塑炼和混炼

一、实验目的

1. 了解橡胶的基本概念。
2. 掌握橡胶的塑炼、混炼工艺技术。
3. 了解橡胶加工的各种助剂的配方体系及其配方设计。

二、实验原理

橡胶是一类具有高弹性的高分子材料,亦被称为弹性体。橡胶在外力的作用下具有很大的变形能力(伸长率可达 500%~1000%),外力除去后又能很快恢复到原始尺寸。橡胶按其来源可分为:天然橡胶(natural rubber,NR)和合成橡胶(synthetic rubber,SR)。天然橡胶是指直接从植物(主要是三叶橡胶树)中获取的橡胶。合成橡胶是相对于天然橡胶而言,泛指用化学合成方法制得的橡胶。

将橡胶生胶在机械力、热、氧等作用下,从强韧的弹性状态转变为柔软而具有可塑性的状态,即增加其可塑性(流动性)的工艺过程称为塑炼。塑炼的目的是通过降低分子量,降低橡胶的黏流温度,使橡胶生胶具有足够的可塑性。以便后续的混炼、压延、压出、成型等工艺操作能顺利进行。同时通过塑炼也可以起到"调匀"作用,使生胶的可塑性均匀一致。塑炼过的生胶称为塑炼胶。如果生胶本身具有足够的可塑性,则可免去塑炼工序。

混炼是将塑炼胶或已具有一定可塑性的生胶,与各种配合剂经机械作用均匀混合的工艺过程。混炼过程就是将各种配合剂均匀地分散在橡胶中,以形成一个以橡胶为介质,或者以橡胶与某些能和他相容的配合组分(配合剂、其他聚合物)的混合物为介质的多相胶体分散体系的过程,并以与橡胶不相容的配合剂(如粉体填料、氧化锌、颜料等)为分散相。对混炼工艺的具体技术要求是:配合剂分散均匀,使配合剂特别是炭黑等补强性配合剂达到最好的分散度,以保证胶料性能一致。混炼后得到的胶料称为混炼胶,其质量对进一步加工和制品质量有重要影响。

加料顺序是影响开炼机混炼质量的一个重要因素。加料顺序不当会导致分散不均匀、脱辊、过炼，甚至发生早期硫化（焦烧）等问题。原则上应根据配方中配合剂的特性和用量来决定加料顺序。宜先加量少、难分散者，后加量大、易分散者；硫黄或者活性大、临界温度低的促进剂（如超速促进剂）则在最后加入，以防止出现早期硫化（焦烧）。液体软化剂一般在补强填充剂等粉剂混完后再加入，以防止粉剂结团、胶料打滑、胶料变软致使剪切力小而不易分散。橡胶包辊后，按下列一般的顺序加料：橡胶、再生胶、各种母炼胶→固体软化剂（松香、硬脂酸等）→小料（促进剂、活性剂、防老剂）→补强填充剂→液体软化剂→硫黄→超速促进剂。

塑炼的辊温、辊距、塑炼时间、容量对加工制品均有影响。

① 辊温：辊温对可塑度的影响很大。温度愈低，塑炼效果愈明显，实验证明可塑度 P 在 100 ℃以下与辊温 T 的平方成反比；为了提高塑炼效果，应加强辊筒冷却，但冷却水在实际应用中不能使温度降得很低，所以塑炼一般在 30～40 ℃下进行。

② 辊距：在相同的速比下，辊距越小则两辊间速度梯度越大，生胶通过辊间时所受到摩擦、剪切、挤压的力越大，同时由于胶片薄易于冷却、变硬，进而加大剪切力的作用，加强塑炼效果，所以辊距采用 0.5～1 mm 辊距。

③ 塑炼时间：除辊温和辊距外，塑炼时间是影响可塑度的重要因素之一，塑炼初期可塑度是随时间延长而增加的，达到一定值后下降，其原因是生胶经塑炼后温度升高而软化，分子间容易滑动，不易被机械剪切力所破坏。为了提高塑炼效果，可以用分段塑炼，分段塑炼即将塑炼过程分成若干段来完成，每段塑炼后生胶要充分停放冷却，一般分为 2～3 段，每段停放冷却 4～8 h。

④ 容量：塑炼时，装胶量主要取决于开炼机的规格，胶量不宜过多，若在辊筒上堆积的胶量过多则造成散热困难，使生胶的热塑性提高，影响塑炼效果。在一定规格的开炼机上，一次炼胶的容量是根据实际经验来确定的，而且因为合成胶塑炼时生成热较大，装胶容量要比天然胶少，一般比天然胶少 20%。

三、主要原料与仪器

1. 原料：天然橡胶、高耐磨炭黑、促进剂 M、硬脂酸、氧化锌、硫黄。

橡胶混炼配方见表 1。

表 1　橡胶混炼配方

原料品种	质量分份	原料品种	质量分份
天然橡胶	100	炭黑	20～40
氧化锌	10	硫黄	6
促进剂 M	2	硬脂酸	2

2. 仪器：XK-160 型双辊开炼机（图 1）。

四、实验步骤

1. 打开双辊开炼机的冷凝水，将冷凝水的流速调到适中。

图 1　XK-160 型双辊开炼机

2. 调整好辊距，合上电闸，按"启动"按钮，使机器运转。

3. 将切好的天然橡胶放入两辊间进行塑炼，辊筒温度为 30～40 ℃，塑炼时间约 15～20 min。

4. 将塑炼好的橡胶按表 1 所示配方混炼：加料顺序为橡胶→硬脂酸→氧化锌→促进剂 M→炭黑→硫黄。

5. 按"停止"按钮，机器即停止。

6. 关闭电源，清理台面。

五、注意事项

1. 操作时注意安全，严防烫伤、轧伤。

2. 在紧急情况下，按紧急刹车杆。

3. 装料不可过量。

六、思考题

1. 天然橡胶塑炼的目的和作用是什么？

2. 天然橡胶混炼过程中一般的加料顺序是什么？

实验 56

天然橡胶的硫化及拉伸、撕裂性能测试

一、实验目的

1. 了解橡胶硫化的原理和工艺技术。
2. 了解橡胶加工的各种助剂的配方及配方设计。
3. 掌握电子万能试验机的操作以及橡胶拉伸、撕裂性能的测试。

二、实验原理

塑炼、混炼和硫化是橡胶制品加工中的三个基本工艺。橡胶制品性能的优劣除了与配方有关外,还与这些加工工艺有密切的关系。

1. 硫化的目的和机理

天然橡胶具有拉伸强度高、抗湿滑性优和滚动阻力小等诸多特点。其硫化胶中主要包括单硫键(C—S—C)、双硫键(C—S—S—C)和多硫键等三种硫交联键型。硫化因最初的天然橡胶制品用硫黄作交联剂进行交联而得名。随着橡胶工业的发展,现在可以用多种非硫黄交联剂进行交联。因此硫化的更科学的意义应该是交联,使线型高分子通过交联作用而形成网状高分子的工艺过程,也是塑性橡胶转化为弹性的橡胶或硬质橡胶的过程。硫化的含义不仅包括实际交联的过程,还包括产生交联的方法。

硫化就是在一定的温度、时间和压力条件下,使橡胶分子从线型结构通过交联变为三维网状结构的过程。原来的塑性消失了,而弹性增加了,其他物理机械性能也提高了,成为更有实用价值的硫化胶。硫化是橡胶制品加工最后一道工序,硫化的好坏对制品的质量影响很大,因此严格掌握硫化条件是十分重要的。

硫化的三个关键因素是硫化压力、硫化温度和硫化时间。一般橡胶制品在硫化时往往要施加一定的压力,以防止制品在硫化过程中产生气泡,提高硫化胶的致密性。在一定范围内,随着硫化压力的增加,硫化胶的拉伸强度、动态模量、耐疲劳性和耐磨性都会相应提高。硫化温度和硫化时间则是橡胶进行硫化反应的基本条件,直接影响硫化速度和硫化胶的性能。

硫化的方法很多,本实验采用热硫化的方法,也是橡胶制品加工中使用最多的方法。其原理是借助加热、加压的作用,使含有硫黄或含有硫化温度下能分解出活性硫的硫载体的橡胶发生物理、化学变化,从而达到提高胶料的物理机械性能的目的。

2. 拉伸及撕裂原理

拉伸橡胶试件时,实验机可自动绘出橡胶的拉伸应力-应变曲线。橡胶拉伸时,最初基本满足胡克定律，在应力-应变曲线上大致为一段直线，因此可以用这一段直线的斜率来表示弹性模量 E。但应力-应变曲线的最初阶段通常不为直线，这是由试样头部在夹具内有滑动及实验机存在间隙等原因造成的。分析时应将直线段延长与横坐标相交于某一点，作为其坐标原点。橡胶的拉伸只有弹性阶段，拉伸曲线可以直观而又比较准确地反映出橡胶拉伸时的变形特征及受力和变形间的关系。为了更准确地计算出弹性模量的值，可以用 Matlab 对比例极限内的数据进行直线拟合，得到拟合直线的斜率，即为弹性模量的值。

三、主要原料与仪器

1. 原料：混炼好的天然橡胶。
2. 仪器：YX-25 平板硫化机（图 1）。

图 1　YX-25 平板硫化机

四、实验步骤

1. 设定天然橡胶硫化的温度为 160 ℃，硫化时间为 5 min。
2. 将平板硫化机的模具放入加热板间，合上电闸，将操作手柄向中间掀，使加热板上升，直至合模。
3. 当加热板和模具温度达到设定的温度时，将操作手柄向下掀，使加热板下降，直至开模。
4. 迅速取出模具，把混炼好的天然橡胶放入模具内，在恒定压力下加热硫化。
5. 开模，取出模具并打开得到片状硫化胶。

6. 关闭电源，清理台面。

7. 拉伸及撕裂测试。

① 试样准备：选用标准裁刀将硫化完毕的试片裁出哑铃形及直角形试样。

② 用游标卡尺测量橡胶试件实验段的宽度和厚度。

③ 打开 WSM 计算机控制电子万能试验机（图 2）实验设备，安装试件测试硫化橡胶的应力-应变曲线。

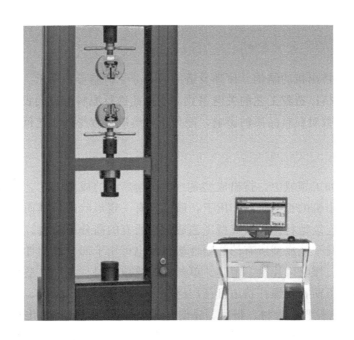

图 2　WSM 计算机控制电子万能试验机

五、数据记录与处理

1. 记录橡胶硫化时间。
2. 绘制橡胶材料试件拉伸、撕裂时的负荷-位移曲线。

六、注意事项

1. 操作时注意安全，严防烫伤、压伤。
2. 在压制品过程中，模具要放在热板中央位置。

七、思考题

1. 橡胶硫化的目的和作用是什么？硫化剂一定是硫吗？
2. 影响橡胶硫化质量的主要因素有哪些？
3. 橡胶的弹性模量很小，为什么会有很大的变形量？
4. 硫化橡胶的应力-应变曲线属于哪种类型？

实验 57

热塑性塑料挤出造粒

一、实验目的

1. 了解双螺杆挤出机的结构、原理及适用的高分子树脂参数要求。
2. 了解双螺杆挤出造粒工艺的关键参数,能据此进行原料配方的设计。
3. 掌握工艺参数对粒料品质的影响,能分析并解决过程中的工艺问题。

二、实验原理

在高分子材料加工领域中,挤出成型是一个用途广泛的成型工艺。挤出过程是使高分子材料的熔体在挤出机的螺杆挤压作用下,通过具有一定形状的口模而连续成型,所得的制品为恒定截面的连续型材。挤出成型工艺适合于所有的高分子材料。塑料挤出成型亦称挤塑或挤出模塑,几乎能成型所有的热塑性塑料,也可用于部分热固性塑料。塑料挤出的制品有管材、板材、棒材、片材、薄膜、单丝、线缆包覆层、各种异型材以及塑料与其他材料的复合物等。目前,双螺杆挤出机已广泛应用于聚合物加工领域,已占全部挤出机总数的40%。硬PVC粒料、管材、板材、异型材几乎都是用双螺杆挤出机加工成型的。作为连续混合机,双螺杆挤出机已广泛应用于聚合物共混、填充和增强改性,也用来进行反应挤出。

双螺杆挤出机的种类很多,用于型材挤出的双螺杆挤出机为同向平行双螺杆挤出机。同向平行双螺杆挤出机的核心部件是一对轴线平行设置、相互啮合、同向旋转的螺杆。同向旋转的双螺杆在啮合处的转动方向相反,当进入螺杆的物料由一根螺杆送至啮合区时,受到挤出和剪切,同时又被另一根螺杆反向运行中托起,物料由一根螺杆转到另一根螺杆使之在两根螺杆与机筒内腔形成"∞"字形螺槽,螺槽内依靠摩擦机理和正位移输送机理实现有效的输送。螺杆的连续转动反复强迫物料转向,有助于物料的均匀混合、塑化。在双螺杆挤出机的加热、混合、剪切、塑化、压实排气作用下,物料塑化成均匀的熔体,并在双螺杆的挤压下,通过机头挤出圆形的条状料,经冷却水槽水冷后,再经切粒机切粒,得到塑料粒料。TDS-30B双螺杆挤出机组(水冷切粒组合)如图1所示,包括计量喂料装置(主喂料机和双阶式侧向喂料机组)、双螺杆混炼挤出机组(双螺杆主机、电仪控制系统、真空强制排气系统和水循环系统)、水冷拉条系统等。

三、主要原料与仪器

实验原料及仪器设备信息见表1。

图 1　TDS-30B 双螺杆挤出机组

表 1　实验原料及仪器设备信息

原料及设备名称	用量/规格	用途说明
聚丙烯	1 kg/牌号 T30S，$MI=3.0$ g/10 min	热塑性树脂基体
碳酸钙	适量	填充剂
滑石粉	适量	填充剂
硫酸钡	适量	填充剂
超支化聚合物改性剂	适量	界面改性剂
高速混合机	WSQD	物料混合
双螺杆挤出机	1 台，TDS-30B，$L/D=40$	用于塑料的挤出加工
冷却水槽	1 台，长 3 m	物料冷却
切粒机	1 台，变频调速	用于塑料条的切割造粒

四、实验步骤

1. 配料操作

按配方准确计量好各种原材料和辅助材料，采用人工混料或高速混合机混料方式混合均匀，待用。

2. 双螺杆挤出机的操作

① 合上总电源保护开关、电气柜内熔断器和马达开关。

② 打开钥匙开关，电源指示灯亮（绿色），温控仪表、电流指示仪表、转速指示仪表、熔压表、调速器控制面板等通电指示。

③ 升温：按工艺要求对各加热区温控仪表进行参数设定。各段加热温度达到设定值后，启动水泵，调节各节流阀大小；继续恒温 20～30 min，同时进一步确认各段温控仪表

和电磁阀（或冷却风机）工作是否正常。

④ 开启齿轮箱进水阀，检查是否漏水。

⑤ 打开水槽的进水阀和排水阀，调节好流量，使水槽冷却水循环，再开启吹干机及切粒机。

⑥ 用手盘动电机联轴器，保证螺杆正常方向至少转动三圈，确保螺杆转动安全。将主机调速旋钮设置在零位，启动主电机，逐渐升高主螺杆转速，检查主机空载电流是否稳定。主机转动若无异常，低速启动喂料电机，将前期混合均匀的物料加入喂料机的料斗中。待机头有物料排出后再缓慢地升高主螺杆转速和喂料螺杆转速，升速时应先升主螺杆转速，待电流平稳无异常后再升喂料螺杆转速，升速直至达到工艺要求的工作状态，并使喂料机和主机转速相匹配。主机电流上升过快，应适当降低加料量。在逐渐提高喂料机转速、加大喂料量的同时，密切注意主电机电流及熔体压力，以免主机过载或机头压力过高。

⑦ 按工艺要求调节切粒装置转速，调整切粒机转速与主机熔体牵出速度相匹配，使之正常牵引，切粒机转速随主机产量大小而升降。

⑧ 排气操作一般应在主机进入稳定运转状态后进行。先打开真空泵进水阀，调节控制适当的工作水量，再启动真空泵。从排气口观察螺槽中物料塑化完全不冒料时，即可打开调节真空管路阀门并关闭排气室上盖，将真空度控制在要求的范围内。真空调节可按下述顺序进行。a. 抽真空：开真空泵，打开水阀，真空表有指示。b. 停抽真空：关闭水阀，停真空泵，真空表无指示。

⑨ 在开车启动阶段，微微打开需冷却筒体段节流阀门（不可猛地全开），等待数分钟观察该段温度变化情况，若无明显下降趋势或下降至某一新平衡温度，但仍超过允许值时，则可适当调大管路阀门的开度。这一过程往往需一定反复方可达到要求。阀门开度调节确定后，对同一物料作业一般不需再进行调节。

3. 运转中的检查及调试

① 检查主机电流是否稳定，若波动较大或急速上升，应减少喂料机的供料量，待主电流稳定后再逐渐增加。螺杆在规定的转速范围内，运转应平稳。

② 检查传动系统和主机筒体内有无异常声音及传动箱升温情况，各紧固部分有无松动。若噪声来自机筒内，可能是物料中混入异物或设定温度过低、局部加热区温控失灵等原因造成未塑化物料与机筒过度摩擦，也可能是螺杆组合不合理。若有异常现象，应立即停机，查清原因并处理后方可再开机。

③ 密切检查油位和油温，油温因季节及负载大小而异，应在 15～60 ℃ 范围内。

④ 待运转平稳后，检查各区温度是否显示在设定温度 ±2 ℃ 范围内。加热是否工作正常，有无发红、铸铝熔化现象。冷却水管道应畅通，且无泄漏。

⑤ 若排气口有冒料现象，可通过降低喂料及螺杆转速，改变螺杆组合构型等方法消除。

⑥ 经常检查机头的料压显示是否正常稳定，机头出条是否稳定均匀，有无断条阻塞、塑化不良或过热变色等现象。

⑦ 生产能力主要取决于主机转速和喂料量的多少，可调整主螺杆转速和喂料螺杆转速参数以提高生产效率。

4. 停机

（1）正常停车

① 停喂料机，喂料机调速旋钮调至零位。

② 关闭真空用水阀，停真空泵，打开真空室上盖。

③ 逐渐降低螺杆转速，尽量排尽筒体内残存物料，物料基本排完后，再逐步将双螺杆主机转速调至零位，按下主电机停止按钮。

④ 停止吹干机、水泵、切粒机等辅助设备，关闭电仪控制柜上各电源开关。

⑤ 断开总电源开关。

⑥ 关闭各外接水管阀门，包括加料段筒体冷却水、水槽冷却水等（主机筒体各冷却管路节流阀门不动）。

（2）紧急停车

① 如主机内或传动系统出现异常噪声或振动等紧急情况需要停主机时，可迅速按下电仪控制柜红色紧急停车钮。并将主机及喂料调速旋钮旋回零位，然后切断总电源。消除故障后，才能按复位按钮，再次按正常开车顺序重新开车。

② 局部故障停车，如不影响机组正常运行，可使相关设备局部断电，其余系统不受影响，继续维持原工作状态，此时须及时排除故障。

③ 机组设有报警灯，若主机调速器故障，则机组停车，红色报警灯亮。

五、数据记录与处理

双螺杆挤出机造粒工艺参数见表2。

表2　双螺杆挤出机造粒工艺参数

实验日期		造粒方式		
设备名称		设备型号		
实验配方				
主机转速/(r/min)		主喂料转速/(r/min)		
侧喂料转速/(r/min)		主机电流/A		
熔体压力/MPa		熔体温度/℃		

分区温控	一区	二区	三区	四区	五区	六区	七区	八区	九区	机头
设定温度/℃										
实测温度/℃										

六、注意事项

1. 清除机头的熔料只能用铜、软铝等软质材料制成的工具，以免模口产生缺口或凹坑。

2. 按操作程序开车，注意启动挤出机时转速要缓慢上升，同时注意进料情况并密切注意电机电流，如发现突增，立即停车检查原因。

3. 操作时分工负责，协调配合，集中精神，注意观察，如发现异常现象，根据分析的原因采取适当的处理方法。

4. 经常检查主机传动箱的油位是否达到传动箱油位计的二分之一以上。

5. 注意清理料斗，确认无杂质异物后，才能将物料加满料斗。物料内不允许有杂物，严禁金属和砂石等硬物料进入料斗。

6. 打开排气室或料斗盖时，严防有异物落入。禁止用金属工具在料斗内手动搅拌物料。清理排气室中已冒出的物料禁止用金属工具，可用木片、竹片，防止损坏螺杆及筒体。

7. 螺杆只允许在低速下启动，空转时间不超过 1 min。及时喂料后才能逐渐提高螺杆转速。每次作业完毕，及时清扫主机、辅机工作环境。对于残存在模头内的黏性物料需清理干净。

七、思考题

1. 挤出机螺杆一般分为几段？每段各有什么作用？
2. 什么是螺杆的长径比？长径比的大小对塑料挤出成型有什么影响？长径比太大又会造成什么后果？
3. 塑料熔体在挤出机螺槽内有几种流动形式？造成这几种流动的主要原因是什么？

实验 58

塑料的注射成型

一、实验目的

1. 掌握注射成型原理。
2. 掌握热塑性塑料注射成型的实验技能及标准试样的制作方法。
3. 掌握注射成型工艺条件对注射制品质量的影响。

二、实验原理

注射成型是适用于大部分热塑性塑料的一种成型方法。注射成型是指将塑料从注射机的料斗加入料筒，经加热融化呈流动状态后，由螺杆或柱塞推挤通过料筒前端喷嘴注入闭合的模具型腔中。充满模具的熔料在受压情况下，经冷却固化，开模得到与模具型腔相应的制品。这种方法具有成型周期短、生产效率高、制品精度好、成型适应性强、易实现生产自动化等特点，因此应用十分广泛。注射成型机主要有柱塞式和移动螺杆式两种。不同注射机工作时完成的动作程序不完全相同，但成型的基本过程及过程原理是相同的。用螺杆式注射机制备热塑性塑料制品的基本程序如下：

1. 合模与锁紧

注射成型的周期一般以合模为起始点。动模前移,快速进行闭合。在与定模将要接触时,合模动力系统自动切换成低压低速,再切换成高压将模具锁紧。

2. 注射充模

模具锁紧后,注射装置前移使喷嘴与模具贴合。液压油进入注射油缸,推动与油缸活塞杆相连的螺杆,将螺杆头部均匀塑化的物料以一定的压力和速度注入模腔,直至熔料充满全部模腔。熔料能否充满模腔取决于注射时的速度、压力以及熔体温度、模具温度等。注射压力过高或过低,造成充模过量或不足,都将影响制品的外观质量和材料的大分子取向程度。注射速度影响熔体填充模腔时的流动状态。速度慢,充模时间长,剪切作用使熔体分子取向程度增大;速度快,充模时间短,熔料温度差较小,密度均匀,熔接强度较高,制品外观及尺寸稳定性好。但是,注射速度不能过快,否则熔体高速流经截面变化的复杂流道并伴随热交换行为,可能发生不规则流动。

3. 保压

熔料注入模腔后,由于冷却作用,物料收缩出现空隙,为保证制品的致密性、尺寸精度和强度,须对模具保持一定的压力进行补缩、增密。保压压力可以等于或低于注射压力,其大小以能进行压实、补缩、增密作用为量度。保压时间以压力保持到浇口刚好封闭时为好。保压时间不足,模腔内的物料会倒流,使制品缺料;保压时间过长或压力过大,充模量过多,将使制品浇口附近的内应力增大,制品易开裂。

4. 制品冷却和预塑化

保压时间到达后,模腔内塑料熔体通过冷却系统调节冷却到玻璃化转变温度或热变形温度以下,使物料制品定型的过程叫冷却。这期间需要控制冷却的温度和时间。模具冷却温度的高低和塑料的结晶性、热性能、玻璃化转变温度、制品形状复杂与否及制品的使用要求等有关;冷却时间的长短与塑料的结晶性、玻璃化转变温度、比体积、热导率和模具温度等有关,应以制品在开模顶出时既有足够的刚度而又不至于变形为宜。制品冷却时,螺杆转动并后退,同时螺杆将树脂向前输送、塑化,并且将塑化好的树脂输送到螺杆的前部并计量、贮存,为下一次注射做准备,此为塑料的预塑化。

5. 脱模

模腔内的制品冷却定型后,合模装置即开启模具,并自动顶落制品。

三、主要原料与仪器

1. 原料:改性聚丙烯。
2. 仪器:塑料注射成型机(图1)。

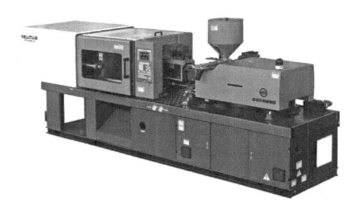

图 1　立式和卧式注射成型机

四、实验步骤

1. 准备工作

① 做好注射机的检查维护工作,做好开机准备。

② 了解原料的成型工艺特点及制品的质量要求,参考有关产品的工艺条件介绍,拟定实验条件。如原料的干燥条件、料筒温度和喷嘴温度、螺杆转速、背压及加料量、注射速度、注射压力、保压压力、保压时间、模具温度、冷却时间、制品的后处理条件等。

③ 安装好试样模具。将安全门关闭,打开加热电源开始预热,待温度达到工艺要求后即可开始实验。

④ 加入塑料颗粒进行预塑,用慢速进行对空注射。观察从喷嘴流出的料条,如料条光滑、明亮、无变色、银丝、气泡,说明原料质量及设置的条件基本适用,可以制备产品。

2. 制备试样

① 手动注射:将按键选择"手动",关上前后安全门,每按动一个按钮就完成一个相应的动作。手动注射操作按钮的次序是:合模(模具闭合)→注射座前进(将模具与喷嘴充分接触)→注射→保压→预塑(螺杆转动后退并预塑)→冷却→开模顶出制品→打开安全门取出制品。

② 半自动注射:将按键选择"半自动",关上安全门,机器就会完成一个相应的系列动作:合模→注射→保压→预塑→冷却→开模→顶出制品。这样一个循环完成,如果制品没有脱落,手动打开安全门后取出。

③ 全自动:将按键选择"全自动",关上安全门,机器就会自行按照工艺程序工作,依次完成相应的系列动作,最后由顶出杆顶出制品。全自动要求制品的模具有安全可靠的自动脱模装置,才能保证制品能自动脱落。由于光电管的探测,各个动作会周而复始,制作过程中无须打开安全门。如果制品没有脱落,还需要打开安全门取出制品。安全门一旦打开,机器就停止动作并报警,将按键选择"手动",报警才会停止。

五、数据记录与处理

1. 记录注射机与模具的技术参数和工艺条件。
2. 列出各组试样注射工艺条件，分析试样外观质量与成型工艺条件的关系。试样的外观质量包括颜色、透明度、有无缺料、凹痕、气泡和银纹等。
3. 取得的各组试样留作后续力学性能、热学性能等的测试。
4. 测量注射模腔的单向长度（L_1），以及注射样品在室温下放置 24 h 后的单向长度（L_2），按照下列公式计算成型收缩率：

$$收缩率 = (L_1 - L_2)/L_1$$

六、思考题

1. 试分析 PE、PP、PS、PC、PA、ABS 中，哪些树脂注射时需要干燥？为什么？
2. 在选择料筒温度、注射速度、保压压力、冷却时间的时候应该考虑哪些问题？
3. 请分析 PP 的成型加工性能的特点。

实验 59

塑料的开炼和压制成型

一、实验目的

1. 了解热塑性塑料共混的方法。
2. 了解塑料模压成型的基本原理以及成型工艺参数及对产品性能的影响。
3. 掌握开炼机的工作原理、塑料开炼的工艺技术与操作要点。

二、实验原理

1. 塑料的开炼

开炼机对塑料制品用原料的混合塑炼，主要是用有一定温度、能够相对旋转运动的两根辊筒，工作时原料加在两根辊筒的工作面上，原料受到辊筒热传导和摩擦作用，渐渐地随着温度升高而变软，并黏在辊面上随辊筒转动。当这些原料进入两辊筒的工作面间缝隙时，由于辊面间的间隙很小，再加上两辊面的旋转速度不同，使这部分物料受到强烈的挤压、剪切和捏合作用。这种原料间的复杂运动，使原料本身产生一定的摩擦热，另外，还有辊筒表面的传导热量，这些内外因素的综合作用，使辊筒上的原料软化，混合塑化，呈熔融状态；再加上原料在辊筒间不断地翻动，原料得到均匀的混合、塑化。

2. 压制成型

模压成型又称压缩模塑或压制。这种成型方法是先将粉末状或纤维状的塑料放入成型温度下的模具型腔中,然后闭模加压。塑料在热和压力的作用下,先由固体变为半液体,随着时间的推移,半液体的黏度逐渐降低,并流动充满型腔,取得与型腔一致的形样,然后冷压成型,最后脱模即得所需制品。

三、主要原料与仪器

1. 原料:聚丙烯(PP)、阻燃剂 BDDP[四溴双酚 A-双(2,3-二溴丙基)醚]。
2. 仪器:塑料开炼机、平板硫化机(图1)。

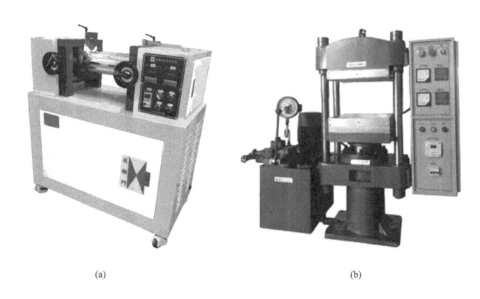

图1 塑料开炼机(a)和平板硫化机(b)

四、实验步骤

1. 塑料的开炼

① 先将PP与阻燃剂母粒按照100∶0、90∶10、80∶20的质量比混合均匀,每份150 g。
② 打开双辊开炼机电源,调整好辊距,将辊筒的温度设置为177 ℃。
③ 按启动按钮,使前辊与后辊以一定的速度运转。
④ 按照一定的比例将PP与阻燃剂放入两辊间进行混炼,不断翻滚物料使之均匀受热与受力,并适当调节辊距,使物料均匀包裹于辊筒。
⑤ 物料混炼均匀后按停止按钮,将物料分小块收集,并清洁辊筒。

2. 压制成型

① 称取开炼得到的PP复合材料(150 g左右)。
② 模压开始时,操作者戴上手套,先将压模置于压机上预热到200 ℃。预热时,应将压机压板与压模贴合。
③ 取出压模,并在脱模器上将其脱开。再用废棉纱将型腔与上、下模擦干净并涂上少量脱模剂。

④ 把开炼后收集得到的块状 PP 复合材料加入膜腔内，堆成中间稍高的形状，迅速合模。

⑤ 将压模置于压机内施加压力至拟定值并使之升到成型温度。1 min 后，让压模降压松动，在 1 min 内排气 1～3 次，再施加压力至拟定值保压 5～10 min，然后冷压 5～10 min，即可将压模取出，脱出制品。

五、数据记录与处理

表 1　压制成型工艺参数记录

试样编号	模具温度/℃		压机表压/MPa	时间/min	观察现象
	上模	下模			

六、注意事项

1. 操作时注意安全，严防烫染与轧伤，装料不宜过多。紧急情况按紧急刹车杆。

2. 操作时必须戴上手套，装模必须对准方向，装模时要求快速，以免模具热量散失而影响压制结果；在涂脱模剂时要求薄而均匀。压制时温度、压力必须严格控制，上下模温应尽量保持一定，不得造成温度波动太大，否则得不到正确的实验结果。

七、思考题

1. 影响塑料开炼质量的主要因素有哪些？
2. 模压成型的控制因素主要有哪些？它们各起什么作用？

实验 60

中空成型设备的操作应用

一、实验目的

1. 了解中空吹塑工艺。
2. 了解影响中空吹塑成型工艺参数的因素及其对制品的影响。
3. 了解吹塑机的结构，掌握吹塑机的操作。

二、实验原理

中空吹塑成型是将从挤出机挤出的尚处于软化状态的管状热塑性坯料放入模具内，然后通入压缩空气，使坯料沿模腔变形，从而吹制成颈口短小的中空制品。中空吹塑目前已广泛用来生产各种薄壁中空制品、化工和日用包装容器，以及儿童玩具等，是最常用的塑料加工方法之一。吹塑用的模具只有阴模（凹模），与注塑成型相比，设备造价较低，适应性较强，可成型性能好，可成型具有复杂起伏曲线（形状）的制品。

吹塑成型可采用挤出吹塑和注射吹塑两种方法。在成型技术上两者的区别仅在型坯的制造上，其吹塑过程基本相似。两种方法也各具特色，注射法有利于型坯尺寸和壁厚的准确控制，所得制品规格均一、无接缝线痕，底部无飞边，不需要进行较多的修饰；挤出法制品形状的大小不受限制，型坯温度容易控制，生产效率高，设备简单，投资少。对大型容器的制作，可配以贮料器以克服型坯悬挂时间长的下垂现象。本实验采用挤出法，试验时将聚乙烯原料投入吹塑机，加热成熔融状态，熔体在螺杆挤压下通过圆环形口模挤成管坯。当管坯达到要求的长度时，迅速转移到模具中，合模，切断管坯，并往管坯中通入压缩气体，使其在模具中吹胀成型。保持空气压力，使制品在型腔中冷却定型后即可脱模取出制品，修整外形，得到成品。具体过程如图1所示。

用作中空成型的原料，通常应具有熔体强度高、抗冲击性和耐环境应力开裂性好、气密性好和抗药性好等特点。在热塑性塑料中，除 PE 和硬质 PVC 是较常用的材料外，也可用 HIPS、PET、PC 等工程塑料，尤其是 PET 具有质轻、透明性好、强度高、卫生性好等突出性能，目前已成为符合要求的吹瓶原料。但就应用领域来看，仍以高、低密度 PE 最为普遍。

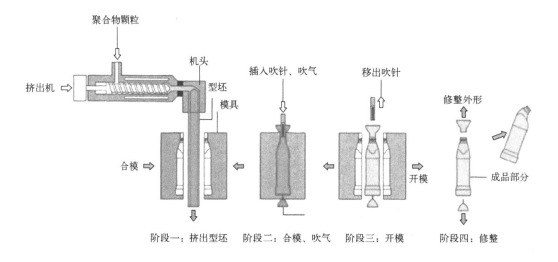

图 1 挤出吹塑成型示意图

中空吹塑制品的质量除受原材料弹性影响外，型坯温度、壁厚、空气吹胀压力、吹胀比以及模温和冷却时间都是十分重要的影响因素。生产型坯时，关键是控制其温度，使型坯在吹塑成型时的黏度能保证其在模具移动和闭模过程中保持一定的形状。温度过高，型坯易发生变形、拉长或者破裂；温度过低，聚合物挤出模口时的离模膨胀会变得严重，以致型坯挤出后会出现长度方向的明显收缩和壁厚的显著增大。而且型坯的表面质量降低，出现明显的鲨鱼皮、流痕等；同时型坯的不均匀性亦随温度的降低而有所增加，制品的强度变差、容易破裂、表面粗糙无光。一般型坯的温度应控制在被加工料的熔点和黏流温度之间，并比较接近黏流温度。挤出中空吹塑制品成型一般在 0.2~1.5 MPa 范围内，主要根据塑料熔体黏度的高低来确定其大小。黏度低的，如尼龙、聚乙烯，易于流动吹胀，成型空气压力可小些；黏度高的，如聚甲醛、聚碳酸酯，流动及吹胀性较差，那就需要较高的压力。成型压力还与吹塑制品的大小、厚度有关。一般壁厚大容器需要成型压力大些，壁薄小容器成型压力小些。具体情况还需要实践操作后，一步步调整，以每递增 0.1 MPa 或每递减 0.1 MPa 的方法，直至试出制品。最合适的压力应使制品成型后外形、花纹、文字等表露清晰。

吹胀比（型坯吹胀的倍数）是指制品的大小与型坯的尺寸之比，一般吹胀比为 2~4 倍。吹胀比的大小应根据塑料种类和性质、制品的形状和尺寸以及型坯的尺寸等决定。模温的高低，首先应根据塑料的种类来确定，材料的玻璃化转变温度较高者，允许有较高的模温，反之则应尽可能降低模温。

三、主要原料与仪器

1. 原料：高密度聚乙烯（HDPE）。
2. 仪器：中空容器吹塑机（SQ-30A 成型机）、手套、剪刀等。

四、实验步骤

1. 接通电源，开启空气压缩机，开启水冷系统，检查机器各部分运转情况。
2. 往料斗加入备好的 HDPE，根据原料的技术要求设定挤出机各段及机头的预热温度，然后开始加热，为了确保料筒内原料充分熔融，达到设定温度后再保温 10~15 min。
3. 慢速启动主机，当熔融管坯挤出模口一小段时间后，注意观察管坯形状、表面状况等外观质量，了解"模口膨胀"和管坯均匀程度。随后针对具体情况调整加热温度、挤出速度、口模间隙等工艺和设备参数。
4. 当下垂的管坯达到外观光洁、表面平滑、壁厚均匀、无卷曲打褶时，按动辅机按钮，使吹塑机处于调试模式。待熔融管坯达到适当长度时，将模具移过来，闭合模具。再切断管坯，迅速移回模具，插入吹针到模具中，将压缩空气吹入使管坯吹胀紧贴型腔，得到与型腔形状一致的制品。
5. 待成型制品完全定型后，打开模具，拔出吹针，脱出制品，修整外形。针对制品有无飞边、缺损对吹针和模具的位置进行微调。
6. 调整好工艺参数，用半自动模式，制取一定量的塑料制品。
7. 实验结束，关闭冷却水，将模具、切刀、吹针等复位，关闭机器总电源和辅助设备电源。

五、注意事项

1. 严禁用手或用工具触及工作中的模腔、吹针、切刀等运动中的机件。
2. 严禁不熟悉或非本岗位的人员操作机器，严禁多人同时操作机器。
3. 严禁操作人员擅自对本机进行维修。
4. 严禁在机器运转时对其进行清洁卫生工作。

六、思考题

1. 中空成型设备主要应用于哪些领域？
2. 简述影响中空吹塑成型的工艺因素。

实验 61

流延成膜工艺

一、实验目的

1. 了解流延成膜工艺原理、工艺参数的制定及其对制品性能的影响。
2. 了解流延成膜机的基本结构，掌握其基本操作。

二、实验原理

流延薄膜是通过熔体流延骤冷生产的一种平挤薄膜，一般用来包装干燥饼干、瓜子，作为复合材料的热封层基材及各种建筑用防水材料等。按产品原料分类，流延薄膜主要有聚乙烯、聚丙烯、聚乙烯醇缩丁醛、聚对苯二甲酸乙二酯薄膜等。流延薄膜工艺技术采用 T 型模头法，原料树脂经挤出机熔融后通过模头流延到表面光洁的冷却辊上，然后迅速冷却成薄膜。经厚度测试、牵引、电晕处理后，切去边料，收卷后再进行切分、包装。

与挤出吹膜形成管状膜坯不同，这种成膜方法的膜坯为片状。流延膜坯在冷却辊筒上冷却定型，过程中既无纵向拉伸，又无横向拉伸。流延薄膜厚度在 0.005~1 mm 范围内，比吹塑薄膜均匀。相对于吹膜工艺制备薄膜的平整度±8%的误差范围，流延薄膜工艺制备的聚乙烯薄膜平整度误差可以控制在±1%。流延薄膜透明性好，热封性好。与吹塑工艺相比，流延工艺能够制备雾度低于3%的高透明度聚乙烯薄膜，并且能使热封温度降低 5~10 ℃。

生产用 T 形机头是关键设备。由于宽幅薄膜有利于提高生产能力，而生产中从机头间隙中挤出的薄膜宽度减去"颈缩"宽度和切边宽度后即为产品宽度，因此宽幅薄膜需要用相应宽度的机头来生产。在机头的设计制造中，使物料沿整个机唇宽度（最大达 3.5 m）均匀地流出，机头内部流道内无滞流死角，并且使物料具有均匀的温度，需要考虑包括物料流变行为在内的多方面因素，并采用精密的加工技术。

挤出流延成型聚乙烯薄膜，应选用熔体流动速率为 2~8 g/10 min 的树脂，螺杆挤出塑化原料时的工作背压在 0.12 MPa 左右，塑化温度 170~270 ℃。机筒前应加 100 目过滤网，成型模具唇口挤出的熔料，在整个模唇口宽度上应流速相等、流量一致、厚度均匀。滚筒工作面需经精细研磨，粗糙度应不大于 0.1 μm。

流延工艺对流延薄膜性能影响显著。随着牵伸比增加，流延薄膜横向拉伸断裂应力下降，纵向拉伸断裂应力增加。同时薄膜雾度增加，光学性能下降，薄膜的热封温度降低。

因为随着牵伸比增加，沿着牵伸方向的片晶取向程度明显提高，即提高牵伸比有利于分子链在牵伸方向的取向，因此纵向拉伸断裂应力增加、横向拉伸断裂应力下降；同时增加牵伸比能够促进片晶在垂直于牵伸方向上的生长，使流延薄膜纵向形成排列更加规整有序的片晶结构，导致光学性能下降；然而增大牵伸比相应减少了熔体在拉伸应力场下冷却结晶的时间，导致结晶度和片晶厚度有所降低，因此热封温度有所下降。

随着模头挤出温度升高，流延薄膜横向拉伸断裂应力增加，纵向拉伸断裂应力、热封温度降低，雾度下降，光学性能提高。这是因为模头挤出温度低，模头与流延辊之间有较低的温差，可以使尚未结晶完全的链段继续结晶，沿着牵伸方向的晶区缺陷逐渐被完善，因此模头挤出温度低，制备的流延薄膜具有较高的纵向拉伸断裂应力。另外，模头挤出温度升高，熔体从挤出机口模流出后与流延辊的温差增加，相当于受到快速冷却的作用，结晶受到了限制，因此结晶度和片晶厚度都较低，并且结晶不充分导致生成的晶粒较小，使光学性能提高。

三、主要原料和仪器

1. 原料：聚乙烯、低密度聚乙烯、线性低密度聚乙烯、色母料等。
2. 仪器：Hartek 小型流延成膜机（图1）。

图1 Hartek 小型流延成膜机

螺杆直径：25 mm；螺杆长径比：28∶1；流延模头有效宽度：180 mm；膜唇开口：1 mm；最高产量：5 kg/h；薄膜制品厚度：0.02～0.2 mm。流延机组成：流延辊、牵引辊、橡胶压辊、收卷辊、收边辊等。

四、实验步骤

1. 清理干净流延机组各辊面，往料斗加入物料。

2. 打开电源、气源、冷却水等开关，将挤出机需要加热的部分设定所需的温度进行加热，待温度升到正常生产所需温度时，再保持 5 min，以便机器各部分温度趋于稳定，方能开车生产。

3. 启动单螺杆挤出机。在初始阶段设置较低转速，约 10～30 r/min，至熔体被挤出模头后，方可继续提高螺杆转速。

4. 启动流延辊、牵引辊以及收卷辊电机，卷取挤出薄带型坯，并按辊的转向进行缠绕。

5. 按下牵引辊压紧按钮，调整挤出速度及流延辊转速，观察工艺参数对薄膜尺寸的影响。

五、数据记录与处理

螺杆及机头温度设定见表1。

表1　螺杆及机头温度设定

项目		一区	二区	三区	四区
螺杆温度	设定温度/℃				
	实际温度/℃				
机头温度	设定温度/℃				
	实际温度/℃				

六、注意事项

1. 操作时要戴手套，防止烫伤，严防金属杂质和小工具落入挤出机筒内。

2. 清理挤出机和口模时，只能用铜刀、棒，切忌损伤螺杆和口模的光洁表面。

3. 注意认真观察调整挤出机挤出速度、冷却辊转速、牵引机转速，保证实验的正常进行，观察工艺条件对制品性能的影响。

七、思考题

1. 简述流延工艺对流延薄膜性能的影响。
2. 简述流延薄膜的应用领域。

实验 62

薄膜吹塑工艺

一、实验目的

1. 了解塑料薄膜成型工艺及工艺参数对制品性能的影响。
2. 掌握挤出薄膜吹塑基本操作。

二、实验原理

塑料薄膜是一类重要的高分子材料制品。它具有质轻、强度高、平整、光洁和透明等优点,同时加工容易、价格低廉,因而得到广泛的应用。塑料薄膜可以用挤出吹塑、压延、流延、拉幅和使用狭缝机头直接挤出等方法成型。各种方法的特点不同,适应性也不同。大多数热塑性塑料都可以用吹塑法来生产吹塑薄膜,吹塑薄膜是将塑料挤成薄管,然后趁热用压缩空气将塑料吹胀,再经冷却定型后而得到的筒状薄膜制品,这种薄膜的强度比流延膜好,热封性比流延膜差。挤出吹塑法适用于结晶和非晶型高分子材料,工艺设备简单,既能生产幅宽较窄的薄膜,又能生产宽达几十米的薄膜,吹塑过程薄膜纵横方向都得到拉伸取向,制品质量较高。

塑料薄膜的吹塑成型是在挤出机前端安装吹塑口模,黏流态的塑料从挤出机口模挤出成管坯后,用机头底部通入的压缩空气使之均匀而自由地吹胀成直径较大的管膜,膨胀的管膜在向上牵引的过程中被纵向拉伸并逐步冷却,由人字板夹平和牵引辊牵引,最后经卷绕辊卷绕成双折膜卷。用于吹塑薄膜的原料主要有聚乙烯(PE)、聚氯乙烯(PVC)、聚偏二氯乙烯(PDVC)、聚丙烯(PP)、聚苯乙烯(PS)、尼龙(PA)、乙烯-醋酸乙烯共聚物(EVA)、聚乙烯醇(PVA)等品种。在吹塑过程中,各段物料的温度、螺杆的转速、机头的压力、口模的结构、风环冷却、室内空气冷却、吹入空气压力以及膜管拉伸作用等都直接影响薄膜的性能优劣和生产效率的高低。

1. 管坯挤出

挤出机各段温度的控制是管坯挤出最重要的因素。通常,沿机筒到机头口模方向,温度依次递增,机头口模处稍低些。当挤出温度设置较高时,高分子熔体温度升高、黏度降低、机头压力减少、挤出流量增大,有利于提高产量。但剪切作用过大易使高分子材料分解,薄膜发脆,尤其使薄膜纵向拉伸强度明显下降。而挤出温度设置过低时,则树脂塑化不良,不能顺利进行膨胀拉伸,薄膜的拉伸强度较低,表面的光泽性和透明度差。

2. 吹胀与牵引

薄膜挤出吹胀及冷却过程与膜管的牵引是同时进行的。压缩空气从机头处的通入气道进入，将管坯吹胀成膜泡后，经人字板进入牵引装置。调节压缩空气的通入量可以控制膜管的膨胀程度。衡量管坯被吹胀的程度通常用吹胀比 α 来表示，它是吹塑薄膜生产工艺的控制要点之一。吹胀比是指管坯吹胀后的膜管的直径 D_2 与挤出机环形口模直径 D_1 的比值，即：

$$\alpha = D_2/D_1 \qquad (1)$$

吹胀比的大小表示挤出过程中管坯直径的变化，即膜的横向膨胀倍数，也表明黏流态下大分子受到横向拉伸作用力的大小。吹胀比增大，膜的横向强度提高，常用吹胀比在 2~6 之间。膜管在牵引过程中受到在牵引方向上拉伸作用的程度通常以牵引比（β）来表示，牵引比是指膜管通过夹辊时的速度 V_2 与口模挤出管坯的速度 V_1 之比，即：

$$\beta = V_2/V_1 \qquad (2)$$

牵引比是薄膜纵向拉伸倍数，牵引比增加，薄膜纵向强度会随之提高，且薄膜的厚度变薄。在挤出吹塑薄膜过程中，挤出管坯同时受到吹胀作用和牵引作用，而使大分子在纵横两个方向均发生取向，从而获得一定的机械强度。为了得到纵横向强度均等的薄膜，其吹胀比和牵引比最好是相等的。不过在实际生产中往往都是用同一环形间隙口模，靠调节不同的牵引速度来控制薄膜的厚度，故吹塑薄膜纵、横向机械强度并不相同，一般都是纵向强度稍大于横向强度。吹塑薄膜的厚度 δ 与吹胀比和牵伸比的关系可用下式表示：

$$\delta = \frac{b}{\alpha \cdot \beta} \qquad (3)$$

式中　b——机头口模环形缝隙的宽度，mm；

　　　δ——薄膜厚度，mm；

　　　β——牵引比。

3. 风环冷却

风环是对挤出膜管冷却的装置，位于模具膜管的四周，操作时可调节风量的大小控制膜管的冷却速度。在吹塑聚乙烯薄膜时，接近机头处的膜管是透明的，但在约高于机头 20 cm 处的膜管就显得较浑浊。膜管在机头上方开始变得浑浊的距离称为冷凝线距离（或称冷却线距离）。膜管浑浊的原因是大分子的结晶和取向。从口模间隙挤出的熔体在塑化状态被吹胀并被拉伸到最终的尺寸，薄膜到达冷却线时停止变形，熔体从塑化态转变为固定。在相同的条件下，冷却线的距离也随挤出速度的加快而加长，冷却线距离的长短影响薄膜的质量和产量。实际生产中，可用冷却线距离的长短来判断冷却条件是否适当。用一个风环冷却达不到要求时，可用两个或两个以上的风环冷却。对于结晶塑料，降低冷却线的距离可获得透明度高和横向撕裂强度较高的薄膜。

4. 膜的卷取

管坯经吹胀成管膜后被空气冷却，先经人字导向板夹平，再通过牵引辊，而后由卷绕辊卷绕成薄膜制品。人字板的作用是稳定已冷却的膜管，不让它晃动，并将它夹平。牵引辊是由一个橡胶辊和一个金属辊组成，其作用是牵引和拉伸薄膜。牵引辊到口模的距离对成型过程和管膜性能有一定影响，决定了膜管在压叠成双折前的冷却时间，这一时间与塑料的热性能有关。

三、主要原料与仪器

1. 原料：聚乙烯颗粒。
2. 仪器：实验型吹膜机（图1）。

图1 吹膜机

四、实验步骤

1. 打开机器机箱右侧的总开关，分别将4个区的温控打开，进行加温。

LDPE 吹膜温度：螺杆区（一、二区）155 ℃，模头区（三、四区）160 ℃。

HDPE 吹膜温度：螺杆区（一、二区）185 ℃，模头区（三、四区）190 ℃。

如果用新材料进行测试，请将温度由低到高进行实验。

2. 温度达到设定温度后，保温5 min，再打开风机、主电机、牵引机。
3. 将原料倒进料斗（材料要充分混合），等待模口出料。

注意：硬物千万不能进料斗，如果进入了螺杆，则螺杆会报废。

4. 模口出料后，手戴隔热手套将料慢慢拉起，放入牵引机，进行牵引拉伸。
5. 开放模头附近的空气阀门，进行充气，开始做泡吹膜。
6. 薄膜的厚薄可通过模唇间隙、冷却风环风量以及牵引速度的调整而得到调整，薄膜的幅宽主要通过充气吹胀大小来调节。当调整完毕，薄膜幅宽、厚度等达到要求后取样。

五、数据记录与处理

1. 记录机器型号、料筒温度、口模温度、螺杆转速。
2. 分析实验现象和实验所制得的薄膜的外观质量与实验工艺条件的关系。

六、注意事项

1. 树脂粒子的熔融指数太大，则熔融树脂的黏度太小，加工范围较窄，加工条件难以控制，树脂的成膜性较差，不易加工成膜；另外，熔融指数太大，聚合物分子量分布太窄，薄膜的强度较差。

2. 吹胀比过大，容易造成膜泡不稳定，且薄膜容易出现皱褶。

3. 牵引比过大，易拉断膜管，造成断膜现象。

4. 熔体挤出时，操作者不得位于口模的正前方，以防意外伤人。操作时严防金属杂质和小工具落入挤出机筒内。操作时要戴手套。

5. 若有气体泄漏，可通入更多的压缩空气予以补充，保证泡管内压力稳定。

6. 应根据材料熔体指数确定挤出温度范围。

七、思考题

1. 影响吹塑薄膜厚度均匀性的因素是什么？吹膜厚度不一致时该如何调整？
2. 吹塑薄膜的纵向和横向的机械性能有无差异？为什么？

第五章
高分子性能测试模块化实验

模块一

天然橡胶实验模块

一、实验目的

1. 加深对橡胶的配方、各组分的作用原理及加工方法的认识。
2. 掌握橡胶的塑炼、混炼及硫化工艺技术。
3. 熟悉万能试验机的操作以及拉伸、撕裂实验的基本操作过程。

二、实验原理

塑炼、混炼和硫化是橡胶制品制造中的三个基本工艺。橡胶制品性能的优劣除了与配方有关外，还与这三个加工工艺有密切的关系。在天然橡胶（生胶）中加入一定量的硫化剂、补强剂、增塑剂、防老剂等其他助剂，使之形成多组分体系。在一定的温度下，先进行橡胶的塑炼，再进行混炼使各种助剂实现良好的分散，通过辊压成片，剪成一定形状的胶料，放入试样模具中，经过硫化成型成为所需的试样。通过不同规格的裁刀，冲裁成性能测试的样品，然后测试橡胶的拉伸强度和撕裂强度。观察橡胶拉伸、撕裂的变形特点，找出炭黑含量对橡胶力学性能的影响规律。

三、主要原料与仪器

1. 原料：橡胶混炼配方见表1。

表1　橡胶混炼配方

原料品种	质量份	原料品种	质量份
天然橡胶	100	炭黑	20～40
氧化锌	10	硫黄	6
促进剂 M	2	硬脂酸	2

2. 仪器：XK-160型双辊开炼机、YX-25平板硫化机、万能试验机。

四、实验步骤

1. 天然橡胶的塑炼和混炼，见实验55。
2. 天然橡胶的硫化及拉伸、撕裂性能的测试，见实验56。

五、数据记录与处理

1. 记录橡胶加工的相关仪器设备参数和工艺条件。
2. 观察橡胶拉伸时的形变情况，记录弹性模量、拉伸强度和断裂伸长率，绘制橡胶拉伸、撕裂的应力-应变曲线。
3. 讨论炭黑含量对橡胶力学性能的影响。

模块二

塑料填充改性实验模块

一、实验目的

1. 了解塑料填充改性的方法，掌握基本配方的配制。
2. 掌握填充物对复合材料力学性能和流动性能的影响规律。
3. 掌握数据处理和分析的方法。

二、实验原理

通过物理和机械的方法在高分子聚合物中加入无机或有机物质，或将不同种类的高分子聚合物进行共混，或用化学的方法实现高聚物的共聚、接枝、交联，或将上述各种方法联用，以使材料的成本降低、成型加工性能或最终使用性能得到改善，或在电、磁、光、热、声、燃烧等方面赋予其独特功能等，统称为高聚物的改性。填充改性就是在塑料成型中加入无机填料或有机填料，使塑料制品的原料成本降低达到增量的目的，或使塑料的性能有明显改变，即在牺牲某些方面性能的同时，使人们所希望的另一方面的性能得到明显提高或各种性能都得到提高。本实验将滑石粉增强聚丙烯母粒和超支化聚合物改性剂填充到聚丙烯中，在双螺杆挤出机的挤压力和剪切力作用下混合均匀，经冷却、吹干、造粒得到填充改性的粒料。将粒料用塑料注射成型机注射成测试样条，然后测试材料的机械性能、动态力学性能和流变行为，找出填料含量对材料性能的影响规律。

三、主要原料与仪器

1. 原料：塑料填充改性配方见表1。

表 1　塑料填充改性配方

原料名称	质量份
聚丙烯	100
滑石粉增强聚丙烯母粒[滑石粉含量80%（质量分数）]	0~20
超支化聚合物改性剂	适量

2. 仪器：双螺杆挤出机、注射成型机、冲击仪、洛氏硬度计、万能试验机、熔体流动速率仪、维卡热变形试验机、混炼式转矩流变仪、动态机械热分析仪。

四、实验内容及操作步骤

1. 塑料的填充改性挤出，见实验 57。
2. 塑料的注射成型，见实验 58。
3. 机械性能的测定，见实验 46、47 和 48。
4. 熔融指数的测定，见实验 54。
5. 维卡软化点的测定，见实验 52。
6. 流变性能的测试，见实验 53。
7. 动态力学性能的测试，见实验 40。

五、数据记录与处理

1. 记录实验工艺条件、技术参数和测试数据。
2. 讨论填料种类、用量对材料机械性能、流变性能的影响，并绘制相应的图表。

模块三

塑料阻燃实验模块

一、实验目的

1. 了解塑料阻燃改性的方法和原理。
2. 掌握开炼机的工作原理及塑料开炼的工艺技术与操作要点，了解热塑性塑料共混的方法。
2. 掌握塑性塑料模压成型的基本原理、成型工艺参数及对产品性能的影响。
3. 掌握氧指数仪和水平垂直燃烧测定仪的使用方法，并用于评价材料的燃烧性能。

二、实验原理

高分子材料在国民经济和人民生活中具有举足轻重的地位，人们的生活和工农业生产已经与高分子材料密不可分。但是，绝大多数有机高分子材料都属于易燃物质，在使用上具有严重的火灾隐患。因此，一些领域应用的高分子材料必须进行阻燃处理，添加阻燃剂是改善高分子材料阻燃性能的主要途径，用于高分子材料阻燃的阻燃剂主要有以下几大类。

1. 卤系阻燃剂

单独使用卤系阻燃剂时，主要在气相中延缓和阻止聚合物的燃烧。卤系阻燃剂在高温下分解生成的卤化氢可作为自由基终止剂捕捉聚合物链式燃烧反应中的活性自由基，生成活性较低的卤素自由基，从而减缓或终止气相燃烧中的链式反应，达到阻燃的目的。卤化氢能稀释空气中的氧，覆盖于材料表面阻隔空气，使材料的燃烧速度降低。常用的卤系阻燃剂主要有十溴二苯乙烷、溴化聚苯乙烯等。

2. 无卤阻燃剂

(1) 无机物阻燃剂　无机物阻燃剂主要是一些金属氢氧化物，如氢氧化铝、氢氧化镁等。它们具有填充、阻燃、发烟抑制剂三种功能，其阻燃机理是当它们受热分解时释放出水。如氢氧化镁反应式为：$Mg(OH)_2 == MgO + H_2O$。这是个强吸热反应，可起到冷却聚合物的作用，同时反应产生的水蒸气可以稀释可燃气体，抑制燃烧的蔓延，且新增的耐火金属氧化物（Al_2O_3、MgO）具有较高的活性，它会催化聚合物的热氧交联反应，在聚合物表面形成一层碳化膜，碳化膜会减弱燃烧时的传热、传质效应，从而起到阻燃的作用。氢氧化物随加入量的增加可迅速提高聚合物的阻燃性，但高加入量会影响材料的加工性能和机械力学性能。

(2) 磷系阻燃剂　常用的磷系阻燃剂有磷酸三苯酯、磷酸三甲苯酯、磷酸三（二甲苯）酯、丙烯苯系磷酸酯、丁苯烯磷酸酯等有机磷阻燃剂和红磷、磷酸铵盐等无机磷阻燃剂。磷系阻燃剂可促使聚合物初期分解时脱水碳化，但脱水碳化必须依赖于高聚物本身的含氧基团，因此磷系阻燃剂的阻燃效果针对具有含氧基团的高聚物会好些。对于本身分子结构没有含氧基团，磷系阻燃剂与无机物阻燃剂复配可产生协同效应，得到良好的阻燃效果。

(3) 含硅阻燃剂　含硅阻燃剂不管是作为聚合物的添加剂，还是与聚合物组成共混物都具有明显的阻燃作用。含硅阻燃剂可通过类似于互穿网络的结构与聚合物部分交联而结合，不改变聚合物表面性能的同时还能改善材料的光滑性，对材料的黏附性也没有影响。

(4) 膨胀型阻燃剂　膨胀型阻燃剂包括三个部分：①酸源，指燃烧时生成无机酸的盐或酯类，如磷酸、硫酸、硼酸盐及磷酸酯等；②碳源，指含碳的多元醇化合物，如季戊四醇、乙二醇及酚醛树脂等；③发泡源，指含碳化合物，如尿素、双氰胺、聚酰胺、脲醛树脂等。膨胀型阻燃剂的阻燃机理是促进聚合物成碳，在材料表面形成一层膨胀多孔的均质碳层，起到隔热、隔氧、抑烟、防止熔滴的作用，达到阻燃目的。

聚合物的阻燃主要是通过各种物理或化学方法破坏燃烧过程中的某个环节，如设法阻止其热分解、抑制可燃气体的产生，干扰燃烧过程，通过隔离热和空气，稀释可燃气体等来实现。本实验将聚丙烯与阻燃母粒按照不同的质量比混合，然后压制成型，并切割成样条，再通过极限氧指数法和水平垂直燃烧法判断样条的阻燃性能。

三、主要原料与仪器

1. 原料：聚丙烯、含有四溴双酚 A-双（2,3-二溴丙基）醚的母粒。聚丙烯阻燃改性配方见表1。

表1　聚丙烯阻燃改性配方

原料名称	质量份
聚丙烯	100
阻燃母粒	0～40

2. 主要仪器设备：塑料开炼机、平板硫化仪、氧指数测定仪、水平垂直燃烧测定仪。

四、实验步骤

1. 塑料的开炼和压制成型，见实验59。
2. 氧指数的测定，见实验50。
3. 塑料水平法与垂直法燃烧性能的测定，见实验51。

五、数据记录与处理

1. 记录塑料压制成型的工艺参数。
2. 记录氧指数和水平燃烧测试数据。
3. 讨论聚丙烯改性前后阻燃性能的变化。

参考文献

[1] 张爱清. 高分子科学实验教程. 北京：化学工业出版社，2011.
[2] 李谷，符若文. 高分子物理实验. 2版. 北京：化学工业出版社，2015.
[3] 阮文红，李谷，符若文，等. 高分子加工实验. 北京：化学工业出版社，2023.
[4] 王国成，肖汉文. 高分子物理实验. 北京：化学工业出版社，2017.
[5] 沈新元，王雅珍，李青山，等. 高分子材料与工程专业实验教程. 北京：中国纺织出版社，2016.
[6] 郭玲香，宁春花. 高分子化学与物理实验. 南京：南京大学出版社，2014.
[7] 王新龙，徐勇. 高分子科学与工程实验. 南京：东南大学出版社，2012.
[8] 韩哲文. 高分子科学教程. 2版. 上海：华东理工大学出版社，2011.
[9] 涂克华，杜滨阳，杨红梅，等. 高分子专业实验教程. 杭州：浙江大学出版社.2011.
[10] 殷勤俭，周歌，江波. 现代高分子科学实验. 北京：化学工业出版社，2012.
[11] 刘建平，宋霞，郑玉斌. 高分子科学与材料工程实验. 2版. 北京：化学工业出版社，2015.